MARCEL CHARLOT

Paysages et Paysans

ILLUSTRATIONS DE L. LHERMITTE

PARIS

LIBRAIRIE CHARLES TALLANDIER

197, BOULEVARD SAINT-GERMAIN, 197

Maison à Lille.

Paysages & Paysans

MARCEL CHARLOT

Paysages et Paysans

(PETITES GÉORGIQUES)

Ouvrage orné de vingt compositions de

L. LHERMITTE

Gravées sur bois par **CL. BELLENGER**

PARIS

LIBRAIRIE CHARLES TALLANDIER

197, BOULEVARD SAINT-GERMAIN, 197

Maison à Lille.

*L'objet de ce livre est simplement de retracer d'après nature quel-
ques scènes de la vie rurale et de montrer à l'œuvre les ouvriers si mé-
ritants de nos campagnes. Il nous semble qu'il n'y aura jamais trop
de voix pour faire valoir les droits de ces intéressants travailleurs à
l'estime et à la reconnaissance générales.*

*Se mêler à la famille rustique, prendre ses travaux à cœur, s'ini-
tier à ses joies et à ses misères, à ses espérances et à ses craintes, c'est
d'ailleurs étudier une forme de l'existence humaine qui ne saurait être
indifférente à aucun de nous, tant elle nous touche de près. Ne nous
reporte-t-elle pas à nos origines, puisqu'elle fut, à une époque plus ou
moins rapprochée de nous, celle de nos pères ? Serait-il nécessaire de
remonter bien haut dans le passé pour prouver aux plus orgueilleux
que du sang de paysan coule dans leurs veines ? Elles ne sauraient du
reste en contenir de plus noble. Tout labeur élève celui qui s'y livre,
mais la vénération des siècles n'a cessé d'assigner le premier rang à la
tâche à laquelle s'est voué l'homme des champs ; elle lui a même souvent attribué un caractère sacré. Le laboureur est en rapport immé-
diat avec la nature qui se met de moitié dans son œuvre par le mystérieux travail de la végétation, et qui, pour faire ressortir la beauté de
son rôle, lui offre les mille décors de ses paysages, tour à tour illu-
minés d'éblouissantes clartés ou drapés de deuil, mélancoliquement
voilés de brume ou souriants d'une douce sérénité. Dans ce milieu en
parfaite harmonie avec sa destinée et les sentiments qui remuent son
cœur, l'enfant du sol, sans rien perdre de sa simplicité, revêt à nos
yeux un tel caractère de noblesse que l'on n'est pas éloigné d'attribuer
au travail de la terre quelque vertu mystérieuse.*

*Les Géorgiques de Virgile sont le plus beau des poèmes où ait été
chantée l'Agriculture, précisément parce que Virgile s'y montre trans-
porté d'un enthousiasme religieux et patriotique qu'il voudrait faire
passer dans l'âme de ses contemporains pour les ramener au culte de
la terre maternelle. A ce prix est, selon lui, le rajeunissement du sang
latin. Le réveil des énergies nationales n'est possible que si le citoyen
rentre en communication avec la grande âme de la nature et rétablit*

entre elle et lui ce courant de sympathie qui, allant d'un être à l'autre dans le vaste ensemble du monde, constitue à ses yeux la vie universelle. Ces rêves du poète philosophe ne sauraient trouver place ici, mais nous nous garderons de bannir tout ressouvenir de l'inspiration virgilienne. Sans attribuer un battement de cœur aux choses insensibles, nous ne saurions non plus concevoir la nature dépouillée de cette poésie qui s'en dégage et agit avec la puissance d'un charme sur quiconque sait la regarder. C'est pourquoi nous avons tenu à ce que le sous-titre dont cherche à ce rehausser ce modeste volume, fût un hommage au poète des champs par excellence.

Il est vrai de dire que les idées éveillées par une étude sincère de la réalité ne sont pas toutes riantes, et qu'il en naît de graves réflexions, parfois même de troublantes pensées.

En parcourant nos campagnes, on peut y relever plus d'un symptôme inquiétant. Les vieilles mœurs, les traditions séculaires sont menacées. Plus d'une existence est en péril. Les machines auxquelles l'agriculture sera de plus en plus obligée de recourir vont-elles changer les fermes en usines, les campagnards en noirs manœuvres ? Le progrès tuera-t-il la poésie ? Nous faudra-t-il porter le deuil de la vie rustique ? Aimons à croire le danger moindre qu'on ne le dit. Entre la nature et la science, l'antagonisme est plus apparent que réel. La matière, travaillée et remaniée par l'industrie humaine, ne trouve pas fatalement, dans cette transformation, la laideur et la vulgarité. Quant à l'homme lui-même, de nouveaux moyens d'action, mis entre ses mains pour décupler sa puissance, ne peuvent-ils devenir des éléments de grandeur ? Les yeux, déroutés d'abord par l'aspect insolite des choses, reviennent souvent de leur impression première. L'antique beauté de la nature ne saurait d'ailleurs être complètement effacée ; il restera toujours des asiles inviolables, où le poète, l'artiste, l'enfant trouveront à se retremper dans une pure atmosphère, à s'enivrer des plus sublimes spectacles. Nos petites Géorgiques, croyons-le, ne sont pas encore le testament d'un monde sans lendemain.

LE VIGNOBLE

I

La Taille

Henri IV qui, dès sa naissance, avait bu sans faire la grimace quelques gouttes de vin de Jurançon versées sur ses lèvres et qui, plus tard, trouvait fort agréable la piquette de Suresnes, dut faire entendre un *ventre-saint-gris* de protestation lorsque Sully déclara que labourage et pâturage étaient les deux mamelles de la France. Pourquoi le ministre oubliait-il la vigne, l'un des plus précieux dons de notre terre nourricière ! S'il est vrai de dire que le travail crée la richesse, la meilleure preuve en est dans nos vignobles. Voilà de tous côtés des coteaux arides, des terres si maigres qu'elles étaient impropres à la culture des céréales : elles sont devenues, grâce à nos vignerons, les plus riches de nos terroirs, ces crus, fameux dans le monde entier, dont les souverains sont tributaires. Les pampres y sont chargés de grappes blondes ou vermeilles, qui évoquent l'image de la terre promise ; ou plutôt la véritable terre promise n'est-elle pas cette contrée, unique entre toutes, qui peut montrer, disséminées aux quatre points de son territoire, une Bourgogne, une Champagne, un Médoc, une Provence, un Roussillon ! Demandez à nos ennemis ce qu'ils nous envient le plus, quel est l'appât qui attire tant l'étranger dans le doux pays de France et qui a décidé tant d'armées à violer nos frontières. N'est-ce pas le vin, gloire de notre agriculture, honneur de nos laborieux et intelligents vignerons?

Le meilleur moyen de rendre à ceux-ci la justice qu'ils méritent est de les montrer à l'œuvre. A peine les vendanges sont-elles achevées qu'il faut sans répit préparer les vendanges suivantes. On est à la saint Martin (8 novembre); la vigne a perdu ses dernières feuilles; à voir son bois nu et sec, on dirait un squelette. Mais ce n'est pas la mort, c'est le repos, le sommeil réparateur après la production d'une riche année. Quant à l'homme, il a moins que jamais le droit de se croiser les bras; il doit s'occuper de la taille, de peur qu'au réveil de la végétation, le rajeunissement printanier du cep ne se traduise en une croissance désordonnée; la sève s'épuiserait à nourrir des branches improductives si on ne la contraignait à se réserver tout entière pour les bois qui donneront à la fois feuilles et fruits.

La taille est surtout le travail du vieillard et son triomphe; le jeune homme ne trouve pas l'emploi de sa vigueur dans cette œuvre de patience et d'expérience. L'âge, en courbant le vieux, l'a ramené au niveau du cep; sa main conserve assez de force pour le tailler, et sa vue distingue encore facilement le vieux bois du sarment de l'année. Un certain flair acquis par une longue pratique et mainte observation lui enseigne le moyen d'en tirer le meilleur parti, et, serpette ou sécateur en main, il va, tout le long du jour, de pied en pied, examinant et opérant. Où est l'attrait de cette promenade monotone à travers la brume, alors que la boue s'attache aux sabots et qu'il y aurait plaisir à dégourdir ses vieilles mains devant une flambée de javelles? Le bonhomme vous répondra par le proverbe : « Tout nuage est doublé de soleil » pour vous faire entendre que derrière la peine prise par le bon ouvrier se cache une satisfaction du cœur, une pensée souriante. Notre vieillard attache à sa besogne un intérêt et des souvenirs qui la transforment. Chaque pied de vigne

L. Lhermitte

est devenu une vieille connaissance, depuis tant d'années
qu'il lui prodigue ses soins ; il approprie la taille à son âge,
à sa force, à sa pousse, à sa production de l'année précédente. S'il a un compagnon de travail, il s'érige en ma-
gister, expose ses idées avec raisonnements et preuves à
l'appui. L'auditeur s'y intéresse autant que le parleur.
Celui-ci raconte année par année l'histoire de la plantation
et de toutes ses péripéties. C'est le pauvre défunt Pierre qui
en avait eu l'entreprise ; un fameux vigneron, celui-là... Les
boutures venaient du clos des Durand, une vigne comme
on n'en voit plus... Le travail une fois terminé, on a vidé
une fine bouteille avec le propriétaire. On avait du vin
alors ! Maintenant les années de gelée, d'humidité, de sé-
cheresse, d'orages reviennent plus souvent qu'à leur tour.
Il a pris note de tout dans sa mémoire, ne craint pas de se
répéter, d'être traité de radoteur, et attend avec un cligne-
ment d'œil l'effet de chaque parole. Son interlocuteur ap-
prouve bouche bée.

Les femmes et les enfants ont aussi leur emploi ;
quand le coup de serpette a été donné, garçons et filles dé-
gagent les branches coupées et rompent les liens qui les
retiennent aux fils de fer ou aux échalas. Les femmes les
ramassent ensuite et les réunissent en tas pour qu'elles
sèchent avant d'être mises au feu. Autant de brassées de
sarments, autant de tonneaux l'année suivante, affirme un
dicton. Mais les dictons ne sont pas toujours la vérité ; l'un
contredit l'autre. Nous venons de placer la taille en novembre, et pourtant un proverbe dit :

> Si tu tailles en février,
> Tu mets le raisin dans ton panier.

un autre réplique :

> Taille le jour de Saint-Aubin   (1er mai)
> Pour avoir de gros raisin.

Sur ce point les contradictions s'expliquent par la différence des climats ; de plus il y a bien des variétés de taille ; à chacun de choisir celle qui convient le mieux à son vignoble.

La taille faite, les hommes reprennent les rangs pour consolider les échalas, les femmes pour lier les vignes aux fils de fer sur lesquels s'enlaceront les pampres, s'enrouleront les vrilles, s'étaleront les grappes. Mais d'ici là il y a bien du mal à se donner, bien des risques à courir, bien des frais à faire ; de février à la fin de septembre, il faudra multiplier les labours que les femmes compléteront à la bêche, relever les pampres à mesure qu'ils se développeront, administrer les traitements préservatifs au soufre, au sulfate de fer et de cuivre, faire marcher les soufflets, les pompes d'arrosage portatives. La vigne veut être soignée comme un enfant délicat dont la vie est sans cesse menacée. Il y a des dates funestes à doubler, celles des gelées, des pluies interminables, des ouragans et des grêles.

Rien n'est plus beau ni plus attachant que de voir l'homme déployer dans la lutte tout ce qu'il a d'énergie et d'intelligence ; c'est le spectacle que depuis trente ans nous donnent nos viticulteurs aux prises avec les fléaux conjurés contre nos malheureux vignobles.

II

Le Raisin

———

Sur les chemins venant de la ville on ne rencontre que
charrettes avec chargement complet de futailles vides, neu-
ves ou réparées, de cuveaux, brocs, vases vinaires de toutes
espèces, cercles de barriques, pelles, râteaux et paniers.
Au village, ce ne sont que roulements de tonneaux, coups
de maillet, allées et venues ; partout règne une activité fié-
vreuse : c'est l'approche et l'annonce de la vendange. Depuis
assez longtemps le raisin tournait, c'est-à-dire passait du
vert au rouge, mais les progrès étaient lents, lorsqu'une
pluie tiède est venue attendrir la peau, gonfler le grain,
le rendre vermeil, déterminer la maturité. Propriétaires et
vignerons se promènent affairés dans les clos, constatent
que le pédicule de la grappe est d'un brun rougeâtre, que
le jus est de plus en plus sucré et visqueux; signes infail-
libles et qui permettent déjà d'évaluer approximativement
la qualité de la récolte ; si le raisin restait sur pied une
semaine de plus, il perdrait au lieu de profiter, et ne tar-
derait même pas à pourrir ; il n'y a donc plus à différer.

Autrefois, on n'avait le droit de commencer la cueillette que lorsque l'autorité avait publié le ban des vendanges ; mais aujourd'hui, chacun est libre de choisir son jour. Comme c'est année d'abondance, les vendangeurs sont très demandés ; il s'agit de s'assurer une troupe suffisante. Si le propriétaire a bonne réputation, il n'a pas à chercher longtemps ; quand on n'est ni intéressé, ni dur, ni fier avec les gens, on trouve toujours du monde. Tout le voisinage sait que chez lui l'ordinaire est bon, que la boisson n'est pas trop mouillée d'eau, que le repas du dernier jour sera un régal et qu'ensuite on aura les violons pour danser.

Le jour convenu, au lever du soleil, heure consacrée, les gens arrivent par groupes. Après une collation, le signal est donné. Coupeurs et coupeuses ont au bras le panier de bois, seul accepté, parce qu'il ne perd pas de jus ; on leur a distribué les sécateurs ou les ciseaux avec lesquels le coupeur secoue la grappe et fait tomber le grain. Les aînés des garçons sont promus au grade de vide-paniers, avec haute-paie de quelques sous, la fatigue étant plus grande pour eux. Les femmes, les enfants, filles ou garçons, ont déjà été mis chacun à leur rang de vigne et ont commencé le travail ; les vide-paniers doivent arriver à leur premier appel, emporter le panier plein, en verser le contenu dans le cuveau où un vendangeur le foule avec un pilon. Les cuveaux remplis sont placés sur les charrettes. Le propriétaire, dont la présence est toujours utile, même quand il est secondé par un maître vigneron, veille à ce qu'on ne laisse sur la vigne que les grappes vertes ou avariées, exige qu'on ramasse les grains tombés. Il n'interdit ni la gaîté ni les chansons, mais il réprimande les joueurs et ferme la bouche aux bavardes. On a les heures du repas pour donner libre cours à sa langue et se faire des niches. Du reste, il est lui-même de trop bonne humeur pour se fâcher sérieusement. Ses deux charrettes suffisent à peine au va-et-vient entre la vigne et le cuvier ; le rendement dépasse les espérances, tant la pellicule du raisin est fine et sa pulpe fondante. Force, couleur, finesse, bouquet, il se flatte déjà de reconnaî-

tre tous ces mérites en dégustant la liqueur qui n'est pas encore du vin. De leur côté, les vendangeurs ne se font pas faute de fêter directement la grappe, dont ils n'ont pas du reste la primeur. Les merles et les grives qu'on voit s'envoler d'une aile lourde, avinée, n'ont pas attendu l'exemple de l'homme pour fourrager dans les pampres.

Dans l'après-midi, la patronne paraît dans la vigne, a pour chacun un mot aimable, caresse les bambins, questionne les parents sur les affaires du ménage, prouve qu'elle s'intéresse à tout et à tous. Ses enfants, qui se sont un instant mêlés aux petits coupeurs, en ont bien vite assez, tant le soleil est ardent, mais des vendanges sans soleil c'est une fête à laquelle manque son ordonnateur.

Deux fois par jour, la table commune réunit vendangeurs et vendangeuses, mais comme elle est loin de rappeler ces scènes de joie désordonnée, d'ivresse folle et bachique où l'imagination égarée de certains auteurs nous montre la bête humaine déchaînée! Sans doute, les gens ne sont pas fâchés de se trouver en nombre devant un repas mieux servi que d'habitude et de se laisser aller à la vieille gaîté gauloise; mais on ne s'éternise pas à table; le travail presse et, sans être ni déplaisant ni trop rude, il réclame de chacun l'emploi de ses forces. Le dernier jour seul amène une fête complète, avec le défilé solennel devant les maîtres du domaine, offrande du dernier panier de vendange accompagné d'un bouquet et, s'il se trouve un orateur dans la bande, d'un compliment toujours applaudi. Le souper, cette fois, est un festin où la piquette est remplacée par du bon vin, et le bal ouvert par les maîtres durera jusqu'au jour, puisqu'on aura le lendemain pour se reposer.

Dans la vigne dépouillée, sur les pampres effeuillés et pendant en désordre, il ne reste plus que les grains oubliés ou dédaignés que recueillent les grappilleuses, ces glaneuses du vignoble. C'est leur vendange à elles. Leur maigre cueillette, eût-elle été ramassée au Clos-Vougeot ou au Château-Yquem, leur donnera un breuvage qui ferait frémir les gourmets, mais elles n'en demandent pas davantage ; elles évoquent en le buvant le souvenir des grands crus dont ils sont la cuvée posthume, et peut-être, l'imagination aidant, croient-elles un instant en être les propriétaires.

III

Le Vin

———

Pendant que la cueillette se fait dans la vigne, la partie masculine de la troupe est presque tout entière retenue dans le *pressoir*, appelé aussi cuvier, où elle exécute les opérations du *foulage,* du *cuvage,* du *pressurage,* de l'*écoulage,* qui se prolongent beaucoup plus que la cueillette et auxquelles ne peuvent être employés que des hommes. Chaque région viticole a son outillage particulier, ses procédés de vinification imposés en partie par la tradition locale, en partie par les nécessités du climat, ses termes spéciaux qui ne seraient pas tous compris hors de la contrée. Mais le but commun étant de changer le raisin de vendange en *moût* et le moût en vin au moyen de la fermentation, peu importe le détail des procédés, pourvu que le résultat final soit obtenu.

Le cuvier, silencieux et inutile pendant onze mois de l'année, va entrer dans ses grandes semaines, et alternativement se remplir de mouvement et de bruit ou se refermer pour que s'accomplisse dans le recueillement et l'obscurité la mystérieuse transmutation. Les énormes cuves, souvent séculaires, se dressent sur leur support de solives ou de pierres tout autour du local, élevé de plafond pour que l'aération empêche le dangereux gaz acide carbonique de s'y accumuler, facile à fermer pour assurer l'égalité de température nécessaire à la vinification. Le *pressoir* proprement dit est la plateforme de chêne, garnie de rebords hauts d'un demi-mètre environ, qui sert de bassin pour le foulage et le pressurage ; dans les installations perfectionnées il est établi au niveau des cuves, et souvent même il roule sur des rails pour se rapprocher successivement de chacune et simplifier les diverses manipulations ; il est comme le quai de déchargement contre lequel les charrettes viennent s'acculer et vider leurs cuveaux pleins de vendange. Nu-pieds, le pantalon retroussé au-dessus du genou, les hommes, avec des râteaux ou des pelles, étalent la récolte sur le plancher du pressoir, puis se mettent à piétiner sur les grappes, dont le jus empourpre leurs jambes ; les mains derrière le dos ou le poing sur les hanches, ou bien encore s'appuyant sur une pelle pour conserver leur équilibre à travers la jonchée glissante, ils s'animent de plus en plus à leur danse bachique ; les fumées de la « purée septembrale », comme disait un célèbre buveur du scizième siècle, montent aux narines et chargent l'atmosphère de leur vapeur capiteuse.

Ceux des visiteurs pour qui ce spectacle chorégraphique est nouveau se récrient, saisis de dégoût. Ces pieds nus, seraient-ils même d'une propreté irréprochable, les offusquent. Eh quoi ! l'on boira ce vin ? — Certes oui ! Et il ne sera pas malpropre, car la fermentation le purifiera aussi complètement que les plus délicats peuvent le désirer.

Quant aux gens de la maison, ils n'hésitent pas le moins du monde à goûter le sirop trouble, louche, douceâtre, plutôt gris que rouge, qui s'écoule par le trou du pressoir et que des pompes refoulent dans la cuve. On a bien imaginé des machines à fouler, mais le pied, paraît-il, opère seul avec le tact nécessaire pour ne pas laisser trop de grains entiers, et proportionner intelligemment la pesée au résultat qu'il faut obtenir.

A quoi bon le foulage, puisqu'on n'en fait pas moins passer dans la cuve tout le résidu solide de la foulée ? C'est

que le raisin, jeté intact dans cette cuve, y demeurerait tel
quel et ne donnerait pas de vin. Il faut en déchirer l'enveloppe vermeille, exprimer le jus de la pulpe, en faire du
moût, lequel, composé des parties liquides et solides, se
met tout naturellement à fermenter, à dégager des bulles
de gaz acide carbonique, à transformer son sucre en alcool,
à perdre sa saveur doucereuse pour acquérir le goût du
vin ; les peaux, en macérant dans le liquide, remplissent
l'office de teinture, l'empourprent et le chargent du tanin
nécessaire pour qu'il soit de garde. Si noir que paraisse le
raisin, quand il n'est ni pressé ni cuvé, il donne du vin blanc ;
en ce cas, il suffit, immédiatement après la foulée, de mettre
le liquide dans les futailles, où il fait son travail.

La *fermentation* s'accuse par le bouillonnement tumul-
tueux de la cuve ; le liquide tiédit, entre en mouvement ;
les parties solides se soulèvent en une masse liquide appe-
lée *chapeau*, qui bientôt dépasse le bord de la cuve, et là,
ne trempant plus dans le liquide, se dessèche et aigrit à sa
surface, à moins que le viticulteur n'ait eu la précaution de
couvrir la cuve et même de maintenir le chapeau en y éta-
geant des claies. Au bout de quelques jours, quand le chapeau s'affaisse et que le bouillon se tait, on reconnaît qu'il
est temps de décuver.

Le *décuvage* ou *écoulage* se fait à l'aide d'un robinet
placé à la partie inférieure de la cuve et qui donne passage
au premier liquide appelé « goutte-mère ». Tant que le
robinet coule, on porte le vin dans les fûts ; il ne reste plus
ensuite dans la cuve que ce mélange de peaux, de grappes
et de pépins qu'on appelle *marc*, et dont le *pressurage* seul
peut extraire ce qui reste de liquide.

Le nom de pressoir s'applique dans un troisième sens
à la presse sous laquelle on le place pour lui faire rendre le
plus possible. Il y a des pressoirs de nouveau système qui,
sans fatigue pour les hommes, mettent le marc complètement à sec, tandis qu'avec le vieux matériel, les ouvriers
ont à faire assaut de force pour virer des cabestans à l'aide
de cordes ou de barres, abaisser sur les vis les massifs

plateaux, et doivent à plusieurs reprises recouper, retourner le gâteau de marc et le remettre sous presse. Pour que le produit d'une même cuvée soit uniforme et homogène, il est indispensable de mêler le vin de l'écoulage à celui que donne le pressurage. Mais il s'en faut que le vin, une fois versé dans les barriques, puisse être livré à la consommation ; que de temps et de soins lui seront nécessaires encore pour acquérir toutes ses qualités! Dans les grands crus, celles-ci ne se développent qu'après nombre d'années, et la perfection n'arrive qu'avec la vieillesse.

Qui saura convaincre l'homme que, pour lui aussi, chaque année, chaque jour même, doit apporter son amélioration et que la culture de sa propre personne mérite autant de sollicitude que l'entretien de sa cave ?

LA FORÊT

I

Les Bûcherons

Les poètes, les artistes, les simples promeneurs s'indignent, se désolent, lorsqu'ils voient tomber sous la cognée les chênes aux cent bras, les hêtres au tronc blanc et lisse, les charmes touffus et autres géants de la forêt. La nature a mis des années et des années à les faire si grands, si forts, si beaux, et les voilà gisant à terre ; des siècles se passeront avant que leurs rejetons ombragent à leur tour ce sol aujourd'hui nu ! Mille être vivants y trouvaient pâture et abri ; chaque branche portait un nid.

> A leur place, dans l'air, seuls voltigent encore
> Quelques pauvres oiseaux qui cherchent leurs petits.

— Si l'homme ne détruisait que pour le plaisir de détruire, il mériterait toutes les malédictions ; mais la forêt n'est pas une plantation de luxe, uniquement destinée au plaisir des yeux ; elle nous doit son bois, comme la plaine ses moissons, le coteau son vin, le troupeau sa chair et sa laine. Nous ne saurions passer l'hiver sans feu ; il nous faut des charpentes pour nos constructions, des traverses pour supporter les rails des voies ferrées, des planches pour nos meubles. Dans quelques forêts chères aux citadins on laisse, par exception, vieillir et mourir de leur belle mort des colosses plus de dix fois centenaires ; tels à Fontainebleau, le Pharamond, le Clovis, le Charlemagne : mais, en bonne administration, il faut utiliser les arbres dès qu'ils ont atteint toute leur croissance et ne peuvent plus que perdre de leur valeur. Quand leur heure est venue, la coupe est adjugée à un marchand de bois qui embauche une troupe de bûcherons, et l'œuvre de destruction commence. Faut-il s'en prendre à ces bûcherons comme Ronsard, qui jetait l'anathème contre ceux de la forêt de Gatine, comme Laprade, qui voit dans la cognée la plus lâche et la plus sacrilège des armes ? C'est au contraire une population des plus intéressantes, et qui mérite d'être visitée dans ses ateliers en plein vent.

Pénétrons sous le couvert de la vaste forêt ; nous entendrons bientôt les coups redoublés de la cognée, l'*ahan* des travailleurs, ce cri sourd et guttural dont s'aide l'homme quand il donne un grand effort. Nous sommes au milieu de l'abatis. De solides gaillards dépêchent l'ouvrage de belle façon. En voici deux qui entaillent le pied d'un chêne avec la hache, brillante comme la lame d'un rasoir ; si profonde est la blessure, qu'il va suffire de quelques secousses vigoureuses pour faire tomber l'arbre ; on y fixe des cordes, on appelle à l'aide quelques camarades, on tire, un craquement retentit, puis le bruit d'une chute, un bris de branches, c'en est fait du colosse. Dépouillé de ses rameaux, posé sur des chevalets, la scie, en grinçant, l'équarrit en poutre ou le transforme en planches. Les bûcheurs et les fendeurs débitent le reste en bois de chauffage. les fagoteurs réunissent les menus branches en falourdes ; les débris, les écorces destinées aux tanneurs sont réunis en tas.

Les bûcherons sont les enfants de la forêt ; qui sait depuis combien de générations leurs familles y manient la hache et la scie ? Sans doute les fils y ont succédé aux pères depuis les siècles reculés où notre Gaule, du Rhin jusqu'à l'Océan, ne formait qu'une forêt entrecoupée de rares clairières. Peut-être sont-ils la postérité directe de ces

hommes primitifs dont on retrouve dans les cavernes les
haches en silex, à la fois instruments de travail et armes
contre les ours, les loups, les sangliers, les aurochs et
autres hôtes des ténébreuses solitudes. Quoi qu'il en soit,
les bûcherons forment une race à part; ils gîtent sur leurs
coupes dans des huttes de terre et de feuillage plus semblables à des repaires d'animaux qu'à des demeures
d'humains, couchent sur la bruyère, se moquent des lits
ventrus où dort le villageois enfoui dans la plume. Le cultivateur, attaché à sa terre, a le mal du pays dès qu'il
perd son clocher de vue. Le bûcheron est nomade comme
l'Arabe; il ne se sent dépaysé que lorsqu'il lui faut vivre
dans la plaine. Il passe quelques mois à peine sur une
coupe; partout où il trouve des arbres à abattre, il installe
son campement, se sent chez lui, dans sa vraie patrie. Il a
de larges épaules, une tête puissamment emmanchée dans
un cou de taureau; ses bras ne sont que muscles, ses
doigts, noueux comme les racines du buis, sont écrasés,
entaillés par maint accident. Mais qu'il ne vous fasse
point peur; si son parler et ses manières sont rudes comme
sa vie, l'écorce seule est rugueuse, le cœur est simple et
bon. Le travail et la solitude sont sains au corps et à
l'âme.

Et c'est à la vaillante cognée dont s'arme l'intrépide
ouvrier pour coucher à ses pieds les troncs gigantesques,
que la sentimentale élégie adresse le reproche de lâcheté !
Combien est plus neuve, plus profonde, l'inspiration de
Victor Hugo dans la pièce connue de tous, où il met en scène
l'homme et l'arbre et montre ce dernier acceptant avec
joie sa destinée et amnistiant celui qui va le frapper, pourvu
qu'il ne réclame de lui que des bienfaits ! A l'homme qui
lui demande tour à tour s'il veut être la bûche du foyer, la
poutre de la maison, le timon de la charrue, le mât du
navire : frappe, bon bûcheron; frappe, bon charpentier,
répond l'arbre qui consent à chauffer les mains de l'aïeul,
du père, de la femme, à ouvrir le sillon où blondira le
froment, à soutenir le toit de la demeure bénie, à voguer

sur le profond océan. Il ne s'indigne qu'à l'idée de servir
de gibet. Le chêne des bois, le chêne des monts ne se prê-
tera point à une œuvre de mort, ne se fera point le com-
plice du bourreau; il appartient à la vie et il ne servira
qu'elle.

II

Les Charbonniers

———

Les charbonniers mènent la même vie que les bûcherons, leur travail seul est différent ; comme eux, ils ne com-
prennent que la forêt ; comme eux, ils font bande à part,
ne se marient qu'en famille. Si le noir charbonnier s'avisait
de rechercher en mariage la fille du blanc farinier, il ne
serait pas plus agréé que dans la chanson : sac de farine et
sac de charbon ne font pas ménage ensemble. Il préfère à
tout sa liberté et ses beaux sites sauvages.

Les senteurs de mai, que le souffle vivifiant de la brise
fait circuler sous les voûtes de la futaie, ne sont-elles pas
plus saines au poumon que l'air enfermé de la cuisine ou
de l'étable ? Il n'a peut-être pas dormi dix fois dans un vrai
lit, mais il n'en dort que mieux ; ce n'est pas lui qui, devenu
soldat, gémira d'avoir à hiverner sous la tente. Que la mauvaise saison amène pluie ou vent, gelée ou neige, il a la joie
de se sentir plus fort que les éléments ; il ne connait ni les
courbatures, ni les rhumatismes. Il ne connait pas non
plus la peur. Quand le paysan s'attarde sous bois, il est
alarmé à chaque pas par des bruits inconnus dans la plaine :
frissons de la feuillée, souffles mystérieux, frôlements étranges, tout lui est épouvantail : il ne sait pas que ces deux
yeux qui brillent dans le fourré comme deux escarbou-

cles sont ceux du grand-duc dont l'aile étoupée plane sans bruit; que cette plainte lugubre qui perce le silence de la forêt n'est que le hou-hou inoffensif de la chouette, nichée dans le creux d'une souche. Mais tout cela, pour le charbonnier, c'est la vie de la forêt, l'animation de la solitude, dont il connaît toutes les voix, tous les êtres.

Son campement se reconnaît de loin, à la fumée des monticules où cuit le charbon; pendant la nuit, ces buttes projettent des lueurs qui leur donnent l'air de volcans en miniature; tout autour, circulent des fantômes noirs, peu rassurants pour l'étranger qui se serait égaré dans ces parages, et ne saurait pas que le travail des charbonniers exige une surveillance continuelle et ne peut être interrompu pendant la nuit.

Ils ont commencé par choisir un terrain en pente, abrité du vent qui activerait trop leurs feux; sur la place nettoyée et aplanie, ils couchent à plat des bûches disposées en rayons autour d'une perche plantée au centre; sur cette espèce de plancher circulaire ils rangent plusieurs étages de rondins dressés debout, et composent ainsi une meule qu'ils recouvrent d'une couche de bûches. Ils ont ménagé au ras du sol un couloir qui servira de fourneau pour allumer le bûcher, puis ils enlèvent la perche qui, en se retirant, laisse un vide destiné à remplir l'office de tuyau; la meule est revêtue d'une calotte de terre et de feuilles où sont laissés des espaces libres, en guise de soupiraux, pour le passage de la vapeur et de l'air; au début de la fabrication on active la flamme, afin de dégager les gaz explosibles; quand elle a gagné le sommet de la meule, afin de la modérer, on bouche la cheminée avec du gazon et on supprime les conduits ventilateurs à mesure que la combustion avance; quand le brasier a bien sué, bien craché sa vapeur noire et épaisse et qu'il n'envoie plus qu'une fumée légère et bleuâtre, on condamne toutes les ouvertures, on couvre de nouvelle terre la calotte déjà renforcée à plusieurs reprises, et le charbon finit de cuire à l'étouffée. Pour l'éteindre enfin, on y jette encore de la terre.

Douze ou vingt-quatre heures plus tard, on pourra ouvrir la meule. Quand l'opération a été bien conduite, le charbon est dur, serré de grain, sonore, brillant, à cassure irisée ; s'il est terne et sonne mal, c'est qu'il a été trop cuit ; s'il ne l'a pas été assez, il est grisâtre, et se brise difficilement.

Le travail des charbonniers offre cet avantage qu'on peut utiliser les femmes et les enfants à porter le bois, à remplir les sacs ; la présence de la famille vient égayer la clairière, et la cuisine en plein air, confiée à des mains féminines, est grandement améliorée ; les ménagères ne connaissent-elles pas tous les champignons, toutes les herbes aromatiques ? Parfois elles accommodent un lièvre pris au collet, un lapin rapporté par les chiens ; ce sont rôtis de contrebande, mais les délits de chasse ne pèsent pas sur la conscience du charbonnier qui se croit au moins autant de droit sur la forêt que les plus anciens propriétaires, que le gouvernement lui-même. Toutefois ne lui faites pas l'injure de le comparer aux braconniers de profession, capables des plus mauvais coups. Charbonniers et charbonnières n'ont de noir que la figure, et lorsque le dimanche ils quittent leur masque de suie, les enfants peuvent sans crainte répondre à leurs sourires.

III

Le Flottage

———

Un vent glacial souffle à travers les rues et les boulevards, mais le bon feu de bois égaie la maison bien close; les enfants sont rangés en demi-cercle autour du foyer; les bûches pétillent, lancent des bouquets d'étincelles, de rapides langues de flamme, et la braise envoie de tous côtés sa douce chaleur. La souche du fond, avant de se décider à flamber, boude et crache un reste de sève; on dirait un nourrisson qui fait des bulles en bavant. Il est dommage vraiment qu'elle ne puisse nous raconter ses voyages par terre et par eau, nous apprendre son origine, son départ de la forêt natale, tous les incidents de sa longue odysée depuis les montagnes du Morvan jusqu'aux quais de la Seine et au chantier, dernier poste d'attente avant l'incinération finale.

Cette bûche ne serait probablement pas là, devant vous, sans l'inventeur du *flottage*, Jean Rouvet, bourgeois de Paris, né à Clamecy vers 1549. La compagnie des marchands de bois, ses confrères, a fait représenter sur ses jetons l'image de Rouvet, et ce n'est que justice. De son temps, Paris bien moins peuplé cependant qu'il ne l'est aujourd'hui, était menacé de manquer de bois. De la vaste ceinture de forêts qui l'entouraient à une époque plus reculée, il ne restait plus que quelques lambeaux de taillis presque épuisés. Le combustible abondait, il est vrai, en Bourgogne et en Nivernais, mais les longs charrois coûtent trop cher, et d'ailleurs les chemins n'existaient pas ou consistaient en d'affreuses fondrières. C'est alors que Rouvet eut l'idée d'utiliser les ruisseaux et les rivières non navigables.

Plusieurs ruisseaux réunis où on lancerait, au moment voulu, l'eau recueillie dans des réservoirs et retenue par des écluses, seraient chargés de transporter les pièces de bois isolément livrées à leur courant et de les amener de pente en pente jusqu'aux affluents navigables. On a appelé les fleuves et les rivières des routes qui marchent et voiturent elles-mêmes les marchandises. Les plus minces ruisseaux eurent dès lors à jouer le même rôle, dans la mesure de leurs moyens; ils devinrent à leur tour des sentiers en état de marcher et de mener à bon port une charge proportionnée à leur force. A petit mercier petit panier, dit le proverbe. Voilà tout le secret du flottage. Il se fait à *bûches perdues* sur les faibles cours d'eau, et lorsque, plus loin, la rivière devient voie navigable, on forme des radeaux.

Le chantier de départ est une vaste prairie du haut pays; depuis deux mois les bûches attendent sur le bord du ruisseau, superposées en forme de grilles pour permettre à l'air de circuler entre les vides et de les sécher. Chaque marchand, pour reconnaître plus tard les siennes, les a fait frapper de sa marque avec un marteau d'acier.

Le flotteur prend les bûches une à une et les met à l'eau afin de les essayer; si elles enfoncent, c'est qu'elles sont encore trop lourdes pour flotter; on les garde pour le voyage suivant. Les autres sont assez sèches pour se tirer d'affaire. En route! On ouvre les vannes, les pertuis, les écluses pour lâcher le flot. Les bûches partent pêle-mêle; les hommes suivent à terre pour les guider, remettant au fil de l'eau celles qui échouent sur les bords ou

sur les bas-fonds; on dirait des bergers qui hâtent le pas des bêtes trop lentes, font rentrer dans les rangs l'animal retardataire. Absorbés par leur besogne et habitués de longue date au paysage, ils n'ont pas un regard pour les beaux sites qui les entourent et qui pourtant en vaudraient la peine. Pour des touristes ce serait un délicieux voyage; tantôt les eaux sont profondément encaissées, tantôt le vallon s'élargit; à mesure qu'on s'éloigne du haut pays, les vignobles apparaissent plus nombreux, les villages plus rapprochés et mieux bâtis. Mais le marinier ne pense qu'à la halte prochaine, dans le cabaret rustique; n'est-on pas en Bourgogne?

D'étape en étape, on atteint le port où se composent les trains; les bûches sont fixées à de longues perches au moyen de liens formés de brins de taillis. Chaque radeau a de 72 à 75 mètres de long; il est assez étroit pour passer dans les écluses, mais, en dehors de ces défilés, on en réunit deux qui marchent de front. Deux compagnons en tête, deux autres en queue dirigent la descente, en courant sur ce plancher inégal où ils sont loin de travailler à pied sec; une hutte, formée de branchages, leur sert de cuisine et de logis. Tout marins d'eau douce que soient les flotteurs, ils en remontreraient sur l'Yonne et la Seine aux plus vieux loups de mer; il faut toute leur expérience, toute leur adresse pour se tirer des passes difficiles; quand ils ont à s'engager sous un pont, il suffirait d'une fausse manœuvre pour briser le radeau contre une pile. On approche de Paris, on croise les gabarres, les bateaux de charbon revenant à vide, les *Montluçons* où la ville s'est approvisionnée de pommes, les toueurs qui, à l'aide de la chaîne, remorquent un long convoi d'embarcations; enfin on s'amarre à Bercy, où les débardeurs disloquent le radeau, repêchent les bûches dont les hautes piles vont s'échafauder dans les chantiers. Les Parisiens qui aiment le feu de bois pourront encore se chauffer à leur goût.

IV

Le Muguet

Avril touche à sa fin, mai s'annonce déjà. A travers la plaine et les collines, autour des sources et au fond des bois, tout s'apprête à fêter la belle saison. Pommiers et poiriers n'ont pas encore de feuilles, mais se couvrent de fleurs dont les blancs pétales, détachés de leurs calices au moindre souffle de la brise tiède, pleuvent sur le sol. C'est la neige odorante du printemps, a dit le poète, neige qui sent bon en effet, et qui n'est pas glacée, et qui promet des desserts abondants si les gelées tardives ne détachent pas le fruit à peine noué, si la persistance de la pluie n'altère pas les sucs nourriciers de la plante. Près de terre, les arbrisseaux des haies : troène, aubépine, bourdaine, déjà verdoyants, ont pris l'avance sur les grands arbres, dont la sève fait plus lentement son travail. Sur les hautes ramures, les bourgeons gonflés se vernissent d'une gomme luisante, et, comme les chrysalides, les jeunes feuilles vont tour à tour faire éclater l'enveloppe où elles attendent l'heure de l'éclosion. Celles du chêne se décideront les dernières, mais elles seront aussi les dernières à roussir et à se dessécher, quand soufflera la bise de l'arrière-saison.

Que font sur la lisière de la forêt ce garçon et cette fillette qui paraissent si occupés? Ils n'ont pas voulu laisser passer cette belle journée de jeudi sans mettre à profit leur congé pour cueillir le muguet dès son apparition. La jolie fleur vient de s'épanouir; comme l'hirondelle, elle se montre avec les beaux jours. Sur une tige menue qui s'élève entre deux feuilles en forme de lance, se dandinent ses délicates clochettes semblables à de légers grelots. Les deux enfants se sont échappés de grand matin, pour la cueillir, encore humide de rosée, et exhalant dans toute sa fraîcheur ce parfum subtil et pénétrant qui rappelle de loin l'odeur du musc.

Les champs, les prés, les bois sont le jardin de tout le monde; tous peuvent y butiner, c'est au pauvre qu'est même réservée la plus riche moisson. La nature en est le jardinier; elle égrène les semences sur le sol qu'aime chacune d'elles; elle fait germer les unes au grand soleil de la clairière, les autres au demi-jour du taillis; telle plante veut croître sous la mousse, à l'ombre des vieux chênes; telle autre préfère le voisinage de la source, tandis que sa sœur est faite pour grimper le long du rocher. La bonne mère ne les contrarie pas et les multiplie à souhait, pour que personne n'en soit privé. Dans les parterres du riche, le jardinier suit les enfants d'un œil soupçonneux, redoute leurs ébats, leurs larcins et permet à peine de regarder. Ici liberté sans bornes; pas de surveillant jaloux; le garde champêtre ne défend de fourrager que dans les blés. On ne cueillera jamais autant de fleurs qu'il en éclôt à chaque aurore. C'est un luxe inouï de formes, de couleurs, de suaves aromes; c'est, à chaque quinzaine, une livrée différente que revêt la terre. Tantôt la blanche pâquerette étoile le gazon, tantôt le bouton d'or l'émaille de son jaune lustré; le coquelicot écarlate illumine les froments, le bluet azuré y répand les nuances de son bleu cendré; les sentiers rappellent les tapis de Turquie sur lesquels le rat de ville installait son hôte; dans les fossés du grand chemin c'est un fouillis d'herbes folles d'où s'exhale l'odeur de la menthe qui se confond avec les effluves de la futaie voisine.

Chaque fleur a son langage, qui répond à un sentiment

L. Lhermitte

de notre cœur. Elles portent de si doux noms, la pervenche
chère au rêveur solitaire, la primevère, sœur cadette du
perce-neige et filleule du printemps, la modeste violette, le
myosotis, la pensée, comme lui fleur du souvenir, la mar-
guerite, confidente de l'amitié, la marjolaine chantée par
les joyeux compagnons, le coquet liseron qui fait courir sur
tous les buissons ses spirales fluettes, agrémentées de calices en forme de cornet! Et combien d'autres encore!
Parlerons-nous des simples, des racines salutaires que
la science du médecin demande à la forêt dont l'air em-
baumé suffit déjà à rendre la vigueur aux convalescents?
Et tous ces fruits, toutes ces baies, depuis la fraise et la
noisette jusqu'à la merise du cerisier sauvage, si parfumée
au goût, si précieuse pour distiller le vrai kirsch, et la
faîne du hêtre que l'écureuil emmagasine dans le creux
des arbres pour sa provision d'hiver, et dont l'homme tire
une huile fine, et la baie de l'épine-vinette, acide comme
la groseille et dont on fait d'exquises confitures! N'ou-
blions pas la mûre des ronces et le fruit du sorbier, la
sorbe qui se mange blette, comme la nèfle.

Lorsque l'on a grandi dans le voisinage des bois, comment a-t-on le courage de s'en éloigner? Comment l'homme est-il parfois assez fou pour imiter ces fleurettes sauvages qui, lasses de leur solitude, ou plutôt fatiguées de
leur bonheur, souhaitèrent voir le monde et briller dans
un jardin. La nature, irritée contre les ingrates, les trans-
planta dans les plates-bandes d'une promenade publique.
Elles s'attendaient à des compliments, à des succès mon-
dains, mais leur mise et leur tournure campagnardes,
leur naïve gentillesse firent la risée des fleurs orgueil-
leuses par qui elles se flattaient d'être accueillies en sœurs.
Elles eurent le sort des cousins pauvres lorsqu'ils sont
tentés de fréquenter leur riche parenté; la simple églan-
tine fut reniée par la rose, la pâquerette par la reine-mar-
guerite et, comble d'humiliation, les promeneurs les prirent
pour de mauvaises herbes. Avant que midi sonnât à l'hor-
loge voisine, car en ville ce n'est pas le soleil qui annonce

les heures, elles étaient gagnées par le mal du pays; sur ce sol inhospitalier, dans ce milieu hostile, dans cette atmosphère qui n'était pas la leur, elles pâlissaient, s'étiolaient, s'inclinaient sur leurs tiges, pour mourir en proie à de tardifs remords. Le ciel avait été sourd à leur prière suprême, afin qu'elles servissent de leçon aux vaniteux, aux coureurs de folles aventures.

LES CHAMPS

I

Le Réveil à la Ferme

A la ferme, on n'a ni tambour ni clairon pour battre ou sonner la diane; c'est le chant du coq — le plus exact des réveille-matin — qui tire chacun du lit. Les paresseux tordaient le cou avec plaisir à l'importune volaille, comme les deux servantes du fabuliste, mais ils n'y gagneraient pas, eux non plus; la fermière, plutôt que de laisser passer l'heure, les réveillerait à l'avance. On est vite debout; à ceux qui ne sont éveillés qu'à demi, la pompe fournit l'eau de toilette qui les rend frais et dispos. Toute la ruche se met en mouvement; les bêtes, elles aussi, se réveillent, les chevaux hennissent, l'âne brait, les vaches mugissent, les moutons bêlent, la volaille court au fumier. Les trois fils de la maison, levés avant tout le monde, ont déjà pansé les chevaux, leur ont donné l'avoine, pour qu'ils aient digéré et pris des forces avant d'aller aux champs. La soupe fumante est sur la table, et les assiettes seront bientôt vides.

Le maître, à qui rien n'échappe, l'homme aux cent yeux, est là; il veut être obéi au doigt et à l'œil, mais ne se prive pas non plus de la parole. Il va aux trois chevaux qui, déjà harnachés, frappent du pied, font sonner les grelots de leurs colliers et les chaînes de leurs traits, et s'assure que leur équipement est en règle. — La grise boiterait-elle par hasard? Lève ton sabot, ma belle; non, il n'y a rien. Avez-vous remis à la herse la dent qui manquait? Bien. Attelez, maintenant. Mais, avant de partir, rangez-moi cette charrette sous la remise. Et ces outils, que font-ils là? Vous ne les trouverez plus quand vous en aurez besoin. Voilà un tombereau de fumier mal chargé; vous en sèmerez des pelletées le long de la route, autant de blé en moins pour la récolte. Surtout, répandez-le également; je n'aime pas voir, au printemps, des places où le blé ne profite pas. La porte de l'écurie n'a pas été fermée; vous tenez donc à ce que la volaille fourgonne dans les mangeoires, pour dégoûter les bêtes de leur fourrage? »

Et déjà les trois garçons, après avoir donné un dernier coup d'œil à leurs bêtes et s'être assurés qu'ils n'oublient rien, ont atteint la porte cochère.

Le départ est silencieux, le ciel gris et le brouillard matinal ne portant pas à la gaîté; on prend le travail comme il vient, et on le fera en conscience, mais l'entrain serait tout autre si l'on partait par un beau soleil, pour la moisson ou les foins.

Et le fermier continue de donner des ordres, mais la voix de sa femme se mêle à la sienne. Elle va, vient, est partout à la fois; elle demande seaux d'eau sur seaux d'eau pour la laiterie; elle place, elle-même, le lait caillé dans les clayons à fromage, met une fille à la baratte, en envoie une autre auprès des vaches, va voir si le veau profite. Elle veille aussi à la volaille, mesure le grain, choisit les poulets qui seront envoyés à la ville, lève les œufs sous les couveuses qui s'envolent en poussant des cris de détresse. Il faudra mettre cette poule au pot dimanche; nos garçons ont abattu beaucoup de besogne depuis lundi, il est juste de les récompenser; et les châtaignes qu'on vient d'abattre, on n'oubliera pas de les faire bouillir; le père ne demandera pas mieux que de les arroser de notre petit vin gris. — Attrapez-moi, pour les porter au marché avec les

poulets, une paire de ces canards qui se lustrent la plume auprès de l'abreuvoir. — Lisette ! Il est temps d'emmener tes oies aux champs !

Et Lisette, armée d'une gaule, prend le commandement des oies qui, jacassant, la tête haute, avec leur stupidité solennelle, se dandinent, vont cahin-caha et, arrivées devant le chien qui les serre de trop près, lui soufflent au nez en le menaçant du bec. C'est, hélas ! une de leurs dernières promenades ; le moment approche où on va les enfermer et leur procurer, dans les joies inconscientes de la bonne chère, l'embonpoint qui les rendra dignes du sacrifice suprême.

— A propos, l'eau grasse et le son ont-ils été portés aux gorets qui me font l'effet de réclamer leur déjeuner ? — Surveille bien tes moutons, méchant pâtre. Que portes-tu donc dans ta pannetière ? Ah ! ce sont des pommes de terre ! Ton pain ne te suffit pas : tu vas cuisiner dans la brande ! Allons, ne fais pas mine de trembler. — Et brebis et agneaux, talonnés par le chien, de se presser au portail, de trottiner dans la poussière, laissant derrière eux l'odeur qui trahit leur passage.

II

Le Labour

L'année agricole s'ouvre, avec le labour, à peu près à
la même date que l'année scolaire ; seulement, l'écolier
a pris ses vacances, tandis que l'homme des champs ne
connaît pas d'autres loisirs que ceux du dimanche et des
jours de fête. Il ne se repose d'une tâche qu'en passant à
une tâche différente. La variété de ses travaux l'empêche
du moins de s'en lasser, et quand il les reprend, chacun
à leur tour, il est remis en goût par l'attrait du change-
ment, plus heureux que l'ouvrier, esclave d'une machine
et condamné à répéter sans fin la même manœuvre.

Dès que les pluies d'automne ont amolli la glèbe sans
la détremper, c'est le moment de l'ouvrir et d'y mettre le
grain en dépôt. Le laboureur lie au timon ses bœufs ou
ses chevaux, selon l'usage du pays, par paires en général,
sauf, si le sol est profond et compact, à doubler les atte-
lages, pour pouvoir mieux soulever les énormes mottes de
terre, dont le soc lisse la coupure par le frottement de
son acier.

Les bœufs, bien appareillés, habitués à marcher côte
à côte, leur front poussant un même joug, avancent à pas
lents, calmes et dociles ; leur haleine tiède sort bruyante de
leurs naseaux, leur flancs battent, un filet de bave pend

à leur bouche; sur leur large poitrail se balance leur fanon; leur œil à fleur de tête regarde, indifférent ou songeur, qui le sait? Les chevaux, plus nerveux, plus ardents, s'animent, raidissent le jarret, donnent des coups de collier chaque fois que le sol résiste; on dirait qu'ils ont hâte de terminer un sillon pour revenir sur leurs pas en traçant le sillon parallèle. L'homme les anime de la voix, pesant sur les bras de la charrue, la soulevant parfois afin de la faire pénétrer plus avant; il prend pour jalon une souche, un peuplier au bout du champ. On pense en le voyant au pilote qui tient la barre, l'œil à l'horizon. Au lieu de la traînée de blanche écume que la quille laisse derrière elle, le sillage de la charrue est une double rangée de mottes qui, sous le soleil du matin, revêtent des teintes lilas, rosées, violettes, et exhalent leur humidité en une légère buée de vapeurs.

C'est un fin laboureur, celui qui conduit ces deux chevaux dans ce champ dont quelques meules, là-bas, attestent la fécondité; sous sa forte main, la charrue ne dévie pas; elle entre dans le sol à la profondeur voulue; elle avance avec régularité. C'est qu'il met son honneur à faire mieux que tous, à justifier la première médaille qu'il remporte à tous les concours de labourage, et à laquelle il attache avec raison la même valeur qu'à sa décoration militaire, méritée sous le feu meurtrier de l'artillerie ennemie.

Sur les sillons ouverts va s'abattre une bande de corbeaux; mais leurs croassements ne l'attristent pas; l'oiseau au noir plumage est l'utile allié de l'agriculteur. Il purge le sol du hideux ver blanc, encore plus nuisible pendant les trois années de sa vie souterraine que lorsque sa larve prend son vol, métamorphosée en hanneton.

L'homme a su faire disparaître de son domaine les bêtes féroces les plus monstrueuses; parviendra-t-il à purger ses cultures de l'insaisissable vermine? Elle a un sens profond, cette parabole orientale qui attribue à l'esprit malin la naissance de l'insecte: aux premiers jours du

monde, lorsque le Créateur eut peuplé la terre d'êtres vivants, sortis de ses mains, Satan, haineux et jaloux, saisit une poignée de poussière et la lança dans l'espace ; aussitôt volèrent, coururent, rampèrent, bourdonnant, sifflant, bruissant d'une voix stridente, des millions d'êtres armés de dards, de pinces, de dents, de tarières, de suçoirs, de scies, gonflés de venins subtils, insatiables de sang, acharnés à répandre sur l'œuvre divine la contagion et la mort.

A qui restera la victoire ? L'homme a droit de l'espérer pour lui, car il a comme armes non seulement le travail, le génie de l'invention, l'infatigable poursuite de la science, mais encore ces utiles auxiliaires que la nature lui envoie, les oiseaux « destructeurs des insectes et défenseurs des moissons futures. »

III

Le Semeur

LE SEMEUR

Avant l'aube, à sa tâche austère
Le semeur s'en va solitaire
Sans regarder derrière lui
Si déjà le soleil a lui,
Sans écouter dans la campagne
Si l'alouette l'accompagne,
Et ne songeant qu'à son labeur !
Car c'est lui le rude semeur
Qui tient dans ses mains, ô Nature,
L'espoir de la moisson future,
Et c'est ce pauvre homme en haillons
Qui fait pleuvoir l'or aux sillons.
Il sait la grandeur de sa tâche,
Va, vient et revient sans relâche,
Fendant d'un mouvement égal
Les vapeurs de l'air matinal.
Le soir, sans lasser son courage,
Le retrouve encore à l'ouvrage.
L'automne est dur aux pauvres gens ;
Mais on se repose au printemps :

A vril sera sa récompense !
S'il sent son bras faiblir, il pense
A la prochaine floraison,
Et son geste emplit l'horizon !

(ACHILLE PAYSANT. — *En Famille.*)

Ces vers, d'un sentiment si juste, et l'admirable
pièce de Victor Hugo, que tout le monde connaît, sont
surtout compris de ceux qui ont observé le semeur parcourant à grands pas le sillon nouvellement ouvert par
le soc de la charrue, et jetant à la volée le grain qu'il
confie à la terre. Comme le travail transforme et ennoblit
l'homme ! Sous ce ciel où passe un vol d'oiseaux voya-
geurs qui émigrent à l'approche de l'hiver, dans ce champ
qui s'étend nu sous la brume du matin et qui a déjà donné
du pain à tant de générations, ce journalier au teint hâlé,
en costume de travail, chaussé de sabots, absorbé dans son
labeur, n'apparaît-il pas comme investi d'un rôle provi-
dentiel? Son tablier contient le blé de semence, fleur de la
moisson précédente, et il puise à pleine main pour le répandre également sur sa terre. Quelle largeur de geste !
Que de profondeur dans le regard! Son âme, comme son
œil, semble plonger au loin, interroger anxieusement l'a-
venir. Il sait les bonnes et les mauvaises chances de la
culture. Sera-t-il payé de sa peine, ou, comme il lui est arrivé si souvent, la terre se montrera-t-elle pour lui avare et
ingrate? La neige tombera-t-elle assez abondante pour pro-
téger la jeune pousse contre les désastreuses gelées? Au
renouveau, la pluie viendra-t-elle à temps ou à contre-
temps? L'épi se formera-t-il, ou la plante montera-t-elle en
herbe? La fleur sera-t-elle favorisée par le soleil ou noyée
par l'orage? Et combien d'autres fléaux que nulle pru-
dence humaine ne saurait conjurer !

C'est une grande école de résignation que celle où le
laboureur a été élevé. Après une année désastreuse, il fait
son deuil de ce qu'il n'a pu éviter, et, sans faiblesse, reprend
son travail sur de nouveaux frais, en vue d'une moisson

tout aussi incertaine. Si cette année comble ses vœux, il oubliera vite ses épreuves.

Espérance ou illusion, que l'on appelle comme l'on voudra cet instinct mystérieux qui, en dépit de tous les échecs, de tous les désappointements, de toutes les misères, porte l'homme à ensevelir dans l'oubli du passé le souvenir des expériences les plus décourageantes et à braver résolument les hasards de l'avenir, c'est le cordial auquel les âmes les plus saines peuvent recourir sans s'accuser de faiblesse. Inconséquence, aveuglement, diront les pessimistes ; n'est-ce pas le cas de répliquer que cette déraison salutaire est la vraie sagesse? Que gagnerait le laboureur à dresser avec une rigueur mathématique le bilan des bonnes et des mauvaises années, à se convaincre qu'il est médiocrement payé de toutes ses peines? Le meilleur service à lui rendre est de lui enseigner la haute moralité de sa profession : sur cette terre où la lutte pour la vie, acharnée, impitoyablement meurtrière, met si souvent l'homme aux prises avec l'homme, lui du moins, demeure étranger à cette mêlée fratricide ; conservant purs ses mains et son cœur, il ne combat que pour triompher des éléments, n'a d'autres ennemis que les ennemis communs du genre humain ; ses défaites sont exemptes de remords, ses victoires sont des bienfaits qui lui donnent droit à la reconnaissance de ses semblables.

IV

Les Foins

Juin est le mois de la fenaison; les jours les plus longs de l'année ne le sont jamais trop pour tout l'ouvrage qui doit se faire dans un court délai; car, dès que l'herbe a fleuri, il importe de ne pas la laisser longtemps sur le pré où elle se dessécherait et ne donnerait plus de bon fourrage. Il est donc bien heureux que le soleil se lève si tôt, se couche si tard, tant l'on a besoin de ses rayons pour sécher promptement l'herbe tombée sous la faux. Pourvu que la pluie ne vienne pas se mettre en travers ! mais on a confiance, la St-Médard ayant promis une période de beaux jours, et la girouette ainsi que le baromètre s'étant trouvés d'accord avec le saint.

Au jour fixé, le fermier n'attend même pas l'aube pour éveiller tous ses hommes et leur donner l'ordre du départ. La bande se met en route à travers les brumes du matin qui emperlent les buissons de rosée. Tant mieux ; l'herbe sera plus tendre et plus facile à couper. Les villageois tiennent appuyée sur l'épaule la faux luisante et fraîchement affilée. N'était leur physionomie pacifique, on

pourrait les prendre pour des guerriers marchant à l'en-
nemi ; le fait est qu'à mainte époque la faux, entre les mains
des paysans, est devenue une arme terrible avec sa lame
recourbée en arc de cercle et sa pointe menaçante. Même
sans mauvais dessein, un maladroit peut, en la maniant
avec gaucherie, causer un malheur. Espérons qu'elle ne va
blesser personne et que le seul meurtre qu'elle aura à se
reprocher sera l'assassinat d'une malheureuse perdrix
décapitée sur le nid où elle élève sa couvée.

On arrive, on se met en bras de chemise, on s'aligne,
on prend ses distances pour que chacun attaque la partie
de pré qui lui est assignée ; penchés en avant, manœuvrant
la faux de leurs deux mains, la droite au milieu du manche,
la gauche rapprochée de l'extrémité, ils s'avancent de gauche
à droite, tandis que l'outil tranche de droite à gauche ; autant d'enjambées, autant de traits de faux, et la quantité
d'herbe tombée sous le fer et ramenée en même temps
par les dents de son râteau forme ce que l'on appelle un
andain ; on donne le même nom à la suite de ces petits tas
dont l'ensemble dessine ces longues lignes parallèles entre
lesquelles s'étendent, comme autant de sentiers, les bandes
de pelouse balayées par le râteau. De temps en temps,
un faucheur s'arrête et redresse le tranchant de sa faux ;
il se sert à cet effet d'une petite enclume qu'il plante
dans le sol pour rebattre sa lame au marteau ; il l'af-
file ensuite en passant sur elle une pierre à aiguiser qui
pend à sa ceinture dans un étui rempli d'eau. Après
avoir profité de cet arrêt pour porter sa gourde à ses lèvres, il reprend sa place ; et ainsi continue-t-on sans autre
interruption que le repas et le sommeil de midi. Le travail de la fenaison se prolonge plus ou moins longtemps,
suivant l'étendue de la propriété ; mais en aucun cas il ne
peut être achevé le soir même, le fanage de chaque partie
de pré fauchée le jour ne pouvant commencer que le lendemain.

L'herbe fraîchement coupée reste sur l'andain jusqu'au
jour suivant ; alors les femmes et les enfants, munis de four-

ches et de râteaux, se mettent à l'œuvre ; avec la fourche,
ils retournent l'herbe des andains et l'éparpillent sur tout
le pré ; puis, vers le soir, ils commencent à réunir en
moyens tas l'herbe fanée, car si le foin restait épars pendant la nuit, il perdrait de sa couleur et de son arôme.

Le lendemain, après l'évaporation de la rosée, on
l'étale de nouveau ; le second soir on l'accumule en meu-
lons ; le surlendemain s'élèvent les vraies meules. Bien en-
tendu, si la pluie gêne le travail, il faut retarder le fanage
et mettre le foin en tas pour laisser le temps revenir au
beau.

La belle et spirituelle marquise de Sévigné qui tous
les ans revenait à son château des Rochers, en Bretagne,
à l'époque des foins, trouvait grand plaisir à se mêler aux
faneuses et même à prendre sa part de leur travail. Dans
une lettre célèbre, elle déclare que le fanage est la plus
jolie chose du monde : « C'est, dit-elle, retourner du foin
en batifolant dans une prairie ; dès qu'on en sait tant, on
sait faner. » Le foin, fabriqué d'après sa recette, n'aurait
guère régalé son bétail. Batifoler est permis aux faneuses
pour rire, comme elle l'était. Mais les faneuses qui se soucient de faire sérieusement leur métier doivent s'appliquer
à sécher le foin également, à ne pas en laisser des plaques
non retournées. C'est au maître ou à son régisseur d'y
avoir l'œil. Il veille encore à ce que ses faucheurs *rasent
le tapis*, c'est-à-dire conduisent leur faux au ras du sol ;
car il leur arrive, pour expédier le travail, de laisser sur
pied la partie la plus nourrissante de l'herbe, celle qui croît
tout près de terre. A lui aussi de vérifier si le foin est suf-
fisamment sec pour être porté de la meule au fenil ; l'y
emmagasiner encore humide est dangereux : il fermente
et peut même prendre feu spontanément. Le foin bien sec
se reconnaît à ce qu'il est cassant lorsqu'on le froisse entre
ses mains. En cet état on peut l'entasser sur les charrettes,
botielé ou non, et le ramener en triomphe ; les enfants se
hissent sur la montagne roulante qui les cahote à chaque
ornière ; la campagne tout entière est embaumée par le

parfum ; l'odeur du foin est en effet presque enivrante, et,
la nuit, gare au dormeur qui, couchant dans une grange,
préfère, comme lit plus moëlleux, le foin à la paille ; les
cauchemars ou l'insomnie le puniront de son imprudent
sybaritisme.

———————

V

Les Moissonneurs

L'alouette se lève du milieu des blés, monte droit vers le ciel, enivrée d'air, de soleil, de lumière et pousse, sans reprendre haleine, sa roulade d'allégresse, ce gai tire-lire qui descend vers le sol, de plus en plus clair et joyeux. La nichée dort à l'ombre et ne soupçonne pas que demain il lui faudra quitter le guéret natal. Mais la mère ne sera pas prise au dépourvu ; elle est mise en défiance par l'apparition du fermier accompagné de son fils. Il a promené un regard de satisfaction sur les grands blés qui, avec un bruissement des épis barbelés, ondulent en longues et molles vagues ; depuis le versant du coteau jusqu'à la berge de la rivière, la plaine présente l'image de l'abondance ; il est temps de mettre ces richesses en sûreté. La mère a deviné le projet de l'homme, mais elle n'est pas inquiète, car sa famille emplumée a déjà l'aile assez forte « pour voler et prendre l'essor ».

Demain, à l'aurore, les petits délogeront sans trompette. Ils achèvent de décamper au moment où la troupe matinale des moissonneurs met la faux dans les blés et, d'un mouvement cadencé, les couche sur les sillons. Dans le nord, c'est avec la faux que l'on tranche les céréales, tandis qu'ailleurs on les scie avec la faucille recourbée, la faucille de l'antique Cérès. La faux n'est pas moins poétique, et elle fatigue moins. Avec la faucille, il faut se courber à demi pour saisir le blé de la main gauche et le scier de la droite ; la faux tenue à deux mains, dirigée avec un souple balancement du corps et un rapide mouvement des bras, maintient elle-même le blé à l'aide du râteau dont est garnie sa lame. Mais, quel que soit l'instrument, les fronts ne s'en couvrent pas moins de sueur, tant le soleil devient brûlant, tant la glèbe est desséchée et poudreuse. À mesure que le blé tombe, les femmes le réunissent en javelles et, de ces javelles rassemblées, forment des gerbes nouées avec un lien de paille tordue.

La matinée a été chaude, plus chaudes encore seront les heures suivantes ; le repas de midi et les quelques instants de sommeil qui lui succèdent viennent à propos pour couper la journée et ranimer les forces et les courages. Le temps étant trop précieux pour qu'on le perde en allées et venues, au lieu d'aller s'attabler au logis, on dîne en pleins champs et, sans se donner la peine de mettre le couvert, on mange sur le pouce les provisions apportées dans les paniers ; les uns sont assis isolément, les autres forment des groupes pittoresques dont le principal se compose du fermier et de sa famille. Laissons au poète le soin de les peindre dans ces vers tant de fois cités :

> La mère et les enfants, qu'un peu d'ombre rassemble,
> Sur l'herbe, autour du père, assis, rompent ensemble
> Et se passent entre eux de la main à la main
> Les fruits, les œufs durcis, le laitage et le pain ;
> Et le chien, regardant le visage du père,
> Suit d'un œil confiant les miettes qu'il espère.
> Le repas achevé, la mère, du berceau
>
> . . . .
>
> Tire un bel enfant nu qui tend ses mains vers elle,
> L'enlève et, suspendu le porte à sa mamelle,
> L'endort en le berçant du sein sur ses genoux
> Et s'endort elle-même un bras sur son époux.
> ... Sous le poids du jour, la famille sommeille...
>
> (LAMARTINE).

Au premier appel du maître, chacun est debout et reprend la tâche interrompue.

Arrivent les charrettes attelées de vigoureux percherons ; on y entasse les gerbes que l'on élève avec des four-

ches ; puis on retourne à la ferme pour y construire ces immenses meules qui s'aligneront devant l'aire, en attendant le battage. Le riche, cependant, n'a pas été seul à faire sa moisson ; le malheureux a aussi ramassé la sienne derrière les gens du propriétaire. Quand un troupeau a suivi le sentier bordé d'aubépines et d'églantiers, le passereau recueille, pour en garnir son nid, les brins de laine restés aux branches : de même les glaneuses récoltent les épis oubliés sur le sol ou tombés des gerbes. Le fermier les regarde d'un œil bienveillant ; au besoin, il ordonnerait à ses valets de laisser quelques épis par terre ; il se plaît même, lorsqu'il trouve trop maigre la gerbe contenue dans le tablier d'une pauvre mère, à la faire compléter. Ne faut-il pas que chacun ait sa part de joie ? La loi de Moïse interdisait de museler le bœuf ou la mule qui remplissaient l'office de nos batteurs en courant à travers les gerbes étalées sur l'aire. Associée au labeur de l'homme, la bête avait bien le droit de prélever quelque chose sur la récolte. Moins tendres, les Romains muselaient l'esclave employé à moudre le grain. Le type du parfait agriculteur n'était-il pas, pour ce peuple rude et avare, l'horrible Caton dont le cœur était tellement fermé à toute pitié qu'il faisait vendre au marché, avec la ferraille hors d'usage, les vieux serviteurs nés dans la maison et que l'âge avait rendus incapables de travail !

Mais c'est loin des âges bibliques ou romains que nous transporte le battage des blés tel que de nos jours il se pratique partout, à l'aide de la batteuse mécanique mise en mouvement soit par un manège attelé de chevaux, soit par une machine à vapeur. Les grandes exploitations ont chacune leur batteuse, les moindres en louent une à la journée ou même à l'heure. L'opération a gagné en rapidité ce qu'elle a perdu en couleur poétique ; elle n'a d'intéressant que la hâte des hommes occupés à apporter, à délier les gerbes, à alimenter la dévorante batteuse, à rejeter la paille à mesure qu'elle est rendue avec ses épis vides de grains, à renouveler les sacs où le froment tombe purifié des corps

étrangers. Rien de monotone, rien même d'agaçant comme
les souffles haletants et les saccades fiévreuses de la machine pendant tout ce travail industriel. Le battage au fléau
est au contraire une des opérations agricoles les plus atta-
chantes ; s'il prend beaucoup de temps et soumet le corps
à de dures fatigues, nulle manœuvre ne fait mieux ressortir
chez ceux qui l'exécutent la vigueur musculaire et l'élasticité
des mouvements. Les gerbes sont étalées sur l'aire ou dans
la grange; les ouvriers tout en sueur brandissent le fléau
comme un fouet et, sous la lourde chaleur de la saison, en
flagellent le sol qui résonne sourdement à chaque coup.
Tant que dure le jour, on voit le lourd battant

> Se lever, retomber douze fois par minute.   (BRIZEUX.)

Après ce battage, il reste encore à vanner le grain pour le
débarrasser de sa balle : on le lance en l'air à la pelle afin
que le vent emporte la paille légère, tandis que le froment
plus lourd retombe droit sur la terre ou sur une toile; le
van opère de même; on l'élève à bras tendus aussi haut
que possible et l'on en laisse tomber le contenu pour le li-
vrer au souffle de l'air.

Avant que peu d'années s'écoulent, le fléau disparaîtra
et le mot qui le désigne ne sera bientôt plus employé qu'au
figuré et dans un sens sinistre ; qui se souciera même de
conserver un spécimen de cet instrument si longtemps ma-
nié par nos pères ? — Nous avons un musée où sont ex-
posés tous les engins de destruction, toutes les armes offen-
sives et défensives dont l'homme s'est servi pour frapper
ses semblables ou se mettre à couvert de leurs coups. C'est
l'histoire de la guerre mise sous les yeux des visiteurs. Une
exposition non moins digne d'intérêt et plus consolante
serait celle qui nous raconterait l'histoire de l'agriculture
à travers les âges, et nous montrerait avec quels outils les
peuples ont, dans la suite des temps, cultivé le sol. Le fléau
pourrait y figurer avec honneur.

VI

La Pomme de Terre

Pendant une de ces disettes qui, sous l'ancien régime, revenaient plus régulièrement que l'abondance, le pain était devenu si rare qu'il menaçait de manquer même à Versailles, et l'on s'inquiétait fort. Seule, une jeune princesse de la maison royale prenait gaîment son parti : « Eh bien! s'écriait-elle, nous mangerons de la brioche en guise de pain. » Ses connaissances n'allaient pas jusqu'à savoir que l'on ne peut faire de brioches qu'avec de la farine. A la place de cette ignorante, le dernier des écoliers ne manquerait pas de répondre aujourd'hui : Pourvu que la pomme de terre nous reste, nous ne mourrons pas de faim! Seulement, à cette époque, la pomme de terre ne se cultivait pas encore en France, et elle ne devait être acceptée comme nourriture qu'à la longue et avec la plus grande difficulté; on la considéra longtemps comme un poison et l'on prétendait qu'elle donnait la lèpre, outre qu'elle épuisait le sol. On se borna d'abord à en nourrir les pourceaux qui, ayant moins de préjugés que leurs maîtres, y avaient pris goût, et devenaient gros et gras en se gorgeant du succulent tubercule dédaigné par l'homme. Après la conquête du porc, la pomme de terre eut donc à faire celle de son propriétaire, et elle aurait peut-être succombé dans cette

lutte contre d'injustes préventions, si elle n'avait trouvé un
champion ou, pour mieux dire, un véritable apôtre dans
un homme qui mérite d'être vénéré comme l'un de nos plus
grands bienfaiteurs.

Grâce à Parmentier, mort seulement en 1813, à 76 ans,
la pomme de terre est devenue l'une de nos plus précieuses
ressources ; nous ne nous imaginons même pas qu'on ait
pu s'en passer, tant elle semble indispensable ; et cependant
la date de 1813 nous dit clairement que nos arrière-grands-
pères ont été les premiers à s'en nourrir dans notre pays.
Parmentier, qui s'était juré de porter remède à la misère
du peuple, le préserva de ces famines où le pauvre était
réduit à tromper sa faim en dévorant des racines ou un
pain fait avec des herbes ; non seulement la pomme de terre
peut suppléer au pain, mais elle est le légume le plus po-
pulaire ; régal de l'indigent comme du riche, elle se sert
sous toutes les formes, et les livres de cuisine indiquent
cent façons de l'apprêter. Mis en demeure de choisir entre
la truffe et la pomme de terre, le gourmet verserait sans
doute une larme sur le tubercule périgourdin, qui donne un
parfum si délicat à la chair savoureuse de la poularde,
mais il déclarerait catégoriquement qu'il est impossible de
concevoir un repas où le beefteak et la côtelette n'apparaî-
traient pas garnis de pommes frites, où l'insipide ragoût
ne serait pas relevé par le féculent légume, où la saucisse
ne reposerait pas sur la couche moelleuse d'une fine purée.

Parmentier, pour prouver d'abord que la pomme de terre
ne contenait aucun principe malfaisant, la fit analyser par
des chimistes, puis il décida le roi Louis XVI à y goûter et
celui-ci en fut si charmé qu'il donna l'ordre de lui en servir
un plat à chacun de ses repas. Les courtisans ne manquè-
rent pas de s'en délecter à l'exemple du monarque, et eurent à leur tour des imitateurs. Pour rendre sa propa-
gande plus complète, l'initiateur eut recours à mille strata-
gèmes. C'est ainsi que deux champs du nouveau légume
furent établis aux portes de Paris. Pendant le jour, on y
faisait bonne garde ; mais le soir, quand on renvoyait les

sentinelles, on avait bien soin de ne pas les remplacer, et la population allait marauder dans la culture à la grande joie de Parmentier, qui avait bien compté sur l'attrait du fruit défendu. Il organisa ensuite un banquet dont la pomme de terre faisait tous les frais et où il invita l'élite de la société. Un jour même, il passa à la boutonnière du roi une fleur de sa chère protégée : le roi le laissa faire et se para de cette décoration qui l'honorait plus que tous ses autres insignes.

C'était, il faut l'avouer, une fleur bien chétive, bien pâle, portée sur une tige au feuillage sombre et vulgaire ; la pomme de terre est une plante qui ne paye pas de mine, et réserve toutes les ressources de sa sève pour multiplier, par le travail de sa végétation souterraine, les bienfaisants tubercules de ses racines. On peut la reproduire de semis, mais d'habitude on confie au sol des tubercules entiers, ou coupés en quatre quartiers, dont chaque œil pousse des rejets et des racines. A l'arrière-saison, lorsque les fanes se flétrissent et se dessèchent, c'est le moment de récolter. Le cultivateur, s'il n'emploie pas la charrue qui abrège le travail, mais à l'inconvénient de couper quelques pommes de terre, retourne les mottes à la pioche, enlève les fanes et les secoue pour en détacher les tubercules, que l'on laisse quelque temps sur le sol pour qu'ils se ressuient à l'air libre; alors trois ou quatre femmes ou enfants les ramassent, les mettent dans des sacs que les charrettes transporteront à la ferme, afin qu'on les vide sous le hangar ou dans la grange; au bout d'une quinzaine, ils seront emmagasinés dans une cave ou une resserre; là, il faut les préserver de la gelée qui les décomposerait, de l'humidité et de la chaleur qui les feraient germer; il faut leur donner de l'air et de la lumière et songer que la précieuse provision sera, jusqu'à l'année suivante, la nourriture de toute la ferme.

VII

Le Chanvre

On a réservé pour la chènevière la meilleure pièce du domaine ; le terrain est profond, frais sans être humide ; on ne lui marchande pas l'engrais, on n'y épargne pas les labours, on l'ensemence en mars ou avril avec de la graine de premier choix, et, comme le chanvre en grandissant se charge lui-même d'étouffer toute végétation parasite, on peut se passer de sarclage, si l'on a soin de ne laisser dans le semis aucun vide où la mauvaise herbe trouverait à pousser. Mais, tant que la graine n'a pas levé, il est urgent d'écarter les oiseaux, très friands de chènevis. Les pillards s'en donneraient à cœur joie, si l'on ne plaçait en sentinelle un ou deux gamins chargés de les effrayer en criant, en tambourinant sur de vieilles ferrailles. Les loques, les plumes et autres épouvantails suspendus à des ficelles ne sont pas longtemps pris au sérieux par ces effrontés maraudeurs. Ils sont du reste à peu près les seuls ennemis vivants que redoute la chènevière, l'odeur du chanvre éloignant tous les insectes.

Quand il est mûr, environ au bout de trois mois, on l'arrache à la main. On le rassemble en petites bottes que l'on fait sécher en plein air, appuyées debout sur des lignes de perches soutenues horizontalement par de petites fourches. Les paquets, une fois secs, sont aplatis avec un battoir de laveuse et se trouvent prêts pour le rouissage. Le *rouissage* permettra de détacher les fibres de la filasse qui sont collées entre elles et fixées à la tige par une gomme très tenace. Pour cela, on fait pourrir la tige dans de l'eau dormante ou sur un pré. On donne le nom de *routoirs* aux pièces d'eau, étangs ou marais réservés au rouissage, car il est interdit de rouir dans les eaux courantes. La fermentation de la plante les empoisonnerait, et quoique les routoirs soient, autant que possible, éloignés des habitations, ils infectent l'air tout à la ronde et, dans les pays où le chanvre est cultivé en grand pour les fabriques, ils occasionnent nombre de fièvres pernicieuses.

Le chanvre, tiré de l'eau et séché, est devenu cassant dans sa partie ligneuse; il subit alors le *teillage* ou *macquage* (altération du mot mâchage), qui se fait au moyen d'une sorte de hachoir en bois appelé broie. La broie se compose d'un bras mobile dont le tranchant dentelé de crans s'emboîte, en se rabattant, dans une rainure. Le chanvre, posé en travers sur la rainure, est pris comme entre deux mâchoires; la chèneviotte ou paille est broyée et jonche le sol de ses débris; les filaments de la plante textile restent seuls aux mains des ouvrières. Car c'est le travail des femmes, et dans la saison, elles font entendre de toutes parts les coups saccadés de la broie. Il ne reste plus ensuite qu'à peigner la filasse pour la séparer de l'étoupe grossière. Plus elle est blonde et soyeuse, meilleure en est la qualité.

De toutes les matières premières que l'industrie doit à l'agriculture, le chanvre ainsi teillé et peigné est peut-être celle qui se prête aux emplois les plus divers, rend les services les plus inattendus. Dire que filé et tissé il fournit, outre le linge de ménage et le linge de corps, la voile du

navire et la tente du soldat, le hamac du matelot, le sac où l'on garde le grain, que, travaillé par le cordier, il se transforme en câbles énormes ou en légère ficelle, compose les mailles du filet de pêche ou de chasse, ce n'est indiquer que ses rôles les plus vulgaires, et c'est passer sous silence ses plus hautes destinées. Lorsque le linge usé, élimé, déchiré, réduit à l'état de chiffon, ne semble plus qu'un objet de rebut, converti alors en pâte à papier, il voit s'opérer en sa faveur le miracle du rajeunissement, et, pour lui, commence une existence nouvelle. Est-il besoin de rappeler la place qu'occupent dans le monde les livres et les publications de toute nature? On peut dire que le papier imprimé est devenu le pain quotidien de tous les esprits, l'objet dont la privation nous serait le plus sensible. Devant la feuille de papier blanc sur laquelle il s'apprête à écrire, qui de nous songe à la verte chènevière?

Il évoque encore moins l'idée du routoir empesté ou de la hotte remplie de loques sordides par un hideux chiffonnier, ce billet de banque qui est devenu l'une des puissances du siècle. Une vignette et quelques paraphes ont suffi pour que son mince et étroit carré de papier représentât mille fois plus d'or que si, touché par un nouveau Midas, il avait été transmué en jaune métal. Et qu'est-ce encore que la valeur fictive de ce papier-monnaie en comparaison du prix que donne à une page la signature d'un grand artiste, d'un écrivain de génie?

LE VILLAGE

I

Le Fournil

On s'est installé au fournil dès la première heure; pendant que la femme préparait le levain, le mari a rangé les corbeilles doublées de grosse toile qu'on appelle paunetons; il a déposé contre le four la pelle, le râble, le fourgon, l'écouvillon, entassé devant la porte des charges de bois, bouleau ou peuplier bien secs, bien flambants, apporté le sac de farine pour le verser dans le pétrin. — Le levain est destiné à produire la fermentation nécessaire pour que le pain ait des yeux, soit léger, facile à digérer, agréable au goût. Il faut plusieurs heures pour préparer ce levain; on mêle à la farine délayée dans de l'eau tiède une certaine quantité de levure, pâte provenant de la fournée précédente; on attend, puis on double la quantité de farine une première et une seconde fois. Le levain travaille sous l'influence de la levure et, quand il est à point, ni trop dur, ni trop mou, on le mélange à la masse de la farine que l'on avait repoussée au bout de la huche, puis on ajoute de nouvelle eau dans laquelle on a fait fondre la quantité de sel nécessaire pour relever le goût du pain.

C'est le moment du pétrissage, opération qui a pour

but de faire pénétrer l'eau dans la pâte et de l'y incorporer.
Les bras nus, l'homme agite, fouette, promène en tous sens
le mélange qui devient élastique et compact, le transporte
d'un bout à l'autre du pétrin, y plongeant les poings fermés,
le levant avec effort, pour le laisser retomber lourdement.
Quand la pâte, qui se lie de plus en plus, a été suffisam-
ment pétrie, on la laisse reposer, couverte d'une toile. Et la
voilà qui se gonfle, qui monte, qui se soulève, comme
animée d'un souffle de respiration. Ce sont les gaz du
ferment qui produisent cet effet, en faisant de petits vides
dans l'intérieur du bloc blanchâtre.

La ménagère prend alors le coupe-pâte, sorte de couteau avec lequel elle détache une quantité de pâte proportionnée à la grosseur des pains qu'elle se propose de faire,
la roule, la saupoudre de farine, la place dans le panneton
saupoudré de même, pour que la pâte ne s'attache pas à
l'étoffe; c'est là que le pain prend sa forme, qui dépend de
la forme du panneton. Quand les pannetons sont garnis,
la pâte continue à y travailler encore une demi-heure.
Pendant ce temps, le mari chauffe le four, dont le bois
pétillant, craquant, se tordant, éclaire le fournil de ses
flammes et dégage des bouffées de chaleur qui rendent
presque intolérable le voisinage du brasier. Lorsque le
four est arrivé au degré de température nécessaire pour la
cuisson, le chauffeur improvisé en retire la braise avec le
râble, sorte de râteau à long manche, et achève de balayer
la sole du four avec l'écouvillon; puis il fait glisser le
contenu des pannetons sur une longue pelle qui sert à les
introduire dans le four où il les met en place à l'aide d'un
petit mouvement qui les détache de la palette. Une fois la
fournée au complet, on ferme la bouche du foyer; au bout
d'un quart d'heure environ le pain est pris, autrement dit:
la croûte s'est formée; on le déplace alors avec le fourgon
de peur qu'il ne s'attache aux briques, et si la croûte est
trop colorée, on laisse le four ouvert un instant afin de
ralentir la cuisson.

Enfin il ne reste plus qu'à défourner. Une bonne odeur

de pain chaud se répand dans le fournil et dans la cour.
Les pains, déposés sur des tablettes, refroidissent en attendant qu'ils aillent renouveler la provision de la huche.

Mais voici l'heure la plus palpitante de la journée, celle où le four à pain se change en four de pâtissier. En prélevant la pâte destinée à servir de levure pour la fournée prochaine, la fermière en a encore mis de côté une certaine quantité qu'elle bat avec du beurre et des œufs, qu'elle passe sous le rouleau, dont elle habille des pommes ou façonne une galette. Au moment où les enfants arrivent de l'école tout essoufflés, tant ils ont couru, ils voient tirer du four les chaussons et l'appétissante pâte-ferme, et ne se font pas prier pour dévorer à belles dents les gâteaux brûlants.

Quelques passants, pendant l'après-midi, à la vue de la colonne de fumée qui s'élevait du four, avaient dit en haussant les épaules : voilà encore les Durand qui font leur pain eux-mêmes, comme s'il n'y avait pas de boulanger au pays. Belle économie de perdre toute une journée pour le plaisir de manger son pain dur pendant une partie de la semaine !

Mais les Durand se soucient bien du qu'en dira-t-on Ils ont leurs idées, ils font comme ont fait leurs pères et, tant qu'une génération nouvelle ne les aura pas remplacés au foyer, on continuera de manger sous leur toit le pain pétri et cuit à la maison. Ils peuvent mal calculer, car le temps c'est de l'argent et le bénéfice prélevé par le boulanger sur l'ensemble de sa clientèle, une fois réparti entre toutes ses pratiques, représente pour chacune d'elles une dépense légère, en comparaison des heures qu'il y a profit à utiliser pour des travaux pressants. Mais ce blé, fruit de tant de labeurs, que les Durand ont eu tant de mal à semer, à cultiver, tant de plaisir à moissonner, c'est de celui-là et de nul autre qu'ils sont jaloux de vivre ; nul pain à leurs yeux ne vaut celui que leur en donne la farine, et chaque fois qu'ils entament une miche, avec quel respect superstitieux, avec quelle satisfaction de propriétaires, ils y mettent le couteau !

En se donnant l'innocente satisfaction de cuire eux-mêmes ce pain de ménage dont ils se régalent avec tant de
conscience, ces villageois, si arriérés aux yeux de leurs
voisins, exercent cependant un droit de conquête récente et,
dans cet attachement à leur routine, entre peut-être quelque lointaine et vague réminiscence du temps abhorré où
le vilain était obligé, par la loi féodale, de porter ses miches
au four du seigneur et d'en payer la cuisson par une rede-
vance aussi impatiemment supportée que la corvée et la
dîme. Ils ne seraient donc que des révolutionnaires légère-
ment attardés.

II

La Lessive

Il faut voir et entendre la fermière demeurée fidèle aux vieilles coutumes, quand elle se met à parler des Parisiennes; avec quel air de supériorité, quels haussements d'épaules elle juge ces dames! « Parlez-moi de leurs mé-
« nages! On y gaspille, on y gâche, que c'est pitié! Tous
« les coulages à la fois! Excepté un : le coulage de la les-
« sive. Pour celui-là, ni Madame, ni ses domestiques n'en
« savent même le nom. Le linge de la maison, remis à la
« blanchisseuse, s'en va on ne sait où, se lave dans on ne
« sait quelle eau avec celui de n'importe qui. Et en quel
« état revient-il! Brûlé par les drogues, déchiré par la
« brosse qui enlève l'étoffe avec les taches. » La critique
est juste, mais comme on ne peut installer une buanderie
dans un logement de Paris, si notre fermière y vivait, elle
serait obligée elle-même de prendre une blanchisseuse,
dont elle ne referait pas l'éducation. Quant à elle, elle estime n'avoir rien à apprendre sur l'article blanchissage.
Lorsque le jour de la lessive est arrivé, on dirait que c'est
le grand œuvre qui va s'accomplir. Malheur à la servante

qui resterait les bras ballants, ou prononcerait une parole
de trop! Que les hommes ne se hasardent pas dans la
cuisine, que les enfants ne se mettent pas dans les jambes
des ouvrières! Les bêtes familières perdent elles-mêmes
leurs privilèges, et n'ont plus le droit de faire leur sieste
sur l'âtre. Dans l'énorme chaudron suspendu à la crémail-
lère, l'eau commence à bouillir; un baquet contient de la
cendre soigneusement tamisée, un cuveau est disposé sur
son trépied devant la cheminée.

C'est la vieille lessive de famille, qui se divise en plusieurs actes, dont le principal est le *coulage*. Il est précédé
par le *trempage* à l'eau froide et l'*essangeage*. Essanger le
linge, c'est le laver à l'eau pure, pour faire disparaître les
malpropretés que l'eau suffit à enlever; grâce à cette précaution, il salira moins la lessive. On l'empile ensuite
dans le cuveau, on le couvre avec le *charrier*, pièce de
grosse toile qui déborde tout autour, on dépose la cendre
sur ce charrier que l'on replie alors pour la recouvrir, puis
on verse peu à peu l'eau chaude qui traverse le linge, y
fait pénétrer les sels de potasse fournis par la cendre et
s'écoule en bas par un robinet ou un simple trou. Elle est
recueillie à mesure, puis réchauffée, et reversée de nouveau, autant de fois qu'il est nécessaire. Voilà ce qu'on appelle le *coulage*, opération longue et fatigante; on se baisse
sans cesse, on s'échaude les doigts, on tousse à respirer
la buée qui prend à la gorge et pique les yeux. Mais dites
à la fermière qu'elle pourrait économiser sa peine et son
temps en se servant de la lessiveuse à vapeur qui fonctionne
toute seule. Dites-lui surtout que la lessive à la cendre n'est
pas l'idéal de la propreté, parce que la quantité de potasse
obtenue ainsi est insuffisante, elle vous répondra qu'elle
connait son métier, et vous priera de vous mêler de vos
affaires. En réalité, sa routine n'a qu'un avantage, celui de
ne pas brûler le linge, comme font les blanchisseuses qui
emploient sans mesure et sans précaution des produits
chimiques.

Le *rinçage* se fait ensuite à grand eau, soit au lavoir

communal, soit dans la rivière. Notre ménagère préfère le ruisseau, parce que au lavoir ses servantes rencontreraient toutes les bonnes langues du village, dont le bruit du battoir ne réussit pas à faire taire le caquet. La chanson le dit :

> Tous les jours, moins le dimanche,
> On entend le gai battoir
> Battre la lessive blanche
> Dans l'eau verte du lavoir.
>
> Une rigole en vieux chêne
> Au lavoir amène l'eau
> De la colline prochaine
> Où se tient caché l'écho,
> L'écho qui jase et babille
> Et redit tous nos lazzis ;
> Car nous lavons en famille
> Tout le linge du pays.

Pierre Dupont.

La place est bien choisie sous les saules du ruisseau ; l'eau court, claire comme le cristal, le merle siffle, la tourterelle roucoule, les étranges appels du coucou arrivent de la futaie profonde, et tout près, de caillou en caillou, sautille en pépiant la hardie lavandière ; comme si elle voulait justifier son nom, elle fait mine de s'intéresser au travail des laveuses. Le pré offre ses libres espaces pour le séchage du linge ; on tend des cordes d'un arbre à l'autre ; draps, serviettes, fichus, mouchoirs flottent comme des bannières ; chemises et jupons, gonflés d'air, se ballonnent et entrent en danse ; les travailleuses se reposent sur l'herbe en tricotant et en causant, jusqu'à ce que la lessive puisse être replacée sur les brouettes et rapportée à la maison, où elle sera repassée, pliée, empilée avec ordre dans la grande armoire de noyer ciré, dont la fermière garde soigneusement la clef et parle avec tant de complaisance.

III

Le Tonneau

———

Les Grecs et les Romains, qui excellaient à modeler l'argile et à donner un tour artistique même aux vases destinés aux usages les plus vulgaires, avaient coutume d'enfermer leurs vins dans d'élégantes amphores, vaisseaux en terre cuite de forme oblongue, ayant une anse des deux côtés du cou et qui pouvaient se tenir debout, adossés contre la muraille du cellier, ou la pointe inférieure enfoncée dans le sol. Mais c'était un récipient aussi fragile que mal aisé à emmagasiner ou à transporter. Aussi, pour faire voyager les liquides, recourait-on à des outres en peau de bêtes, suivant le procédé encore usité dans une partie de l'Espagne où le vin, conservé dans la dépouille mal odorante des boucs, y prend en outre le goût de la poix qu'on est obligé d'y introduire pour empêcher qu'il ne s'altère. Le prétendu tonneau sans fond où les Danaïdes de la fable étaient condamnées à verser de l'eau à perpétuité, était une jarre en poterie, aussi bien que celui dans lequel le philosophe Diogène nichait à l'instar des chiens et qu'il roulait sur les dalles des rues de Corinthe, pour l'installer tantôt en plein soleil, tantôt à l'ombre des temples et des palais.

Le vrai tonneau, le tonneau de bois, est une antique invention des vieux Gaulois, et fait le plus grand honneur à l'ingéniosité de nos pères. Ne convenait-il pas, du reste, qu'il fût imaginé dans le pays qui devait donner les meilleurs vins et expédier le produit de ses grands crus aux quatre coins du monde? On peut dire du tonneau qu'il est le logement idéal du vin, qu'il n'existe point une autre manière de le garder ou de le voiturer commodément et sûrement. Une barrique peut être roulée, même par un jeune garçon, malgré son poids de deux cents kilos; on met les pièces l'une sur l'autre, sans qu'elles encombrent la cave ou le chai; on en charge sans peine les haquets, les wagons, la cale des navires; le vin se rend aux Indes et en revient amélioré par son séjour dans le bois de sa futaille.

Pour leur fabrication, les tonneliers emploient de préférence le châtaignier ou le cœur de chêne sans nœuds, que notre pays, par malheur, ne donne plus en quantité suffisante et qu'il faut faire venir par mer d'Amérique, d'Autriche, de Turquie. Ce bois, appelé *merrain*, nous arrive sous forme de planchettes ou *douves*, taillées à peu près à la longueur voulue, déjà bombées dans leur largeur et leur longueur; les Bordelais le nomment même du *Bosnie,* à cause de sa provenance la plus ordinaire. Telle est, avec les cercles de châtaignier fendu, la matière première de la tonnellerie; il n'entre pas, dans la structure d'une pièce, d'autre fer que les cercles dont on renforce extérieurement les futailles de choix quand elles sont achevées.

Le premier travail consiste à préparer les douves sur une sorte d'établi à l'extrémité duquel l'homme s'assied à califourchon, comme sur un banc, en face d'un étau où il fixe sa planchette. Avec la *doloire* il l'aplanit, l'amincit aux deux bouts, y taille les encoches dans lequelles il emboîtera les deux fonds. Alors commence le montage des douves; on les range debout, en rond, l'une à côté de l'autre, maintenues par un cercle de fer ou une chaîne; elles forment ainsi une ébauche de cylindre dans l'intérieur duquel on brûle quelques copeaux pour que la chaleur du feu cambre le futur tonneau qui se met à bomber, à faire ventre. C'est le moment de l'enserrer dans sa ceinture de cercles liés

L. KRATKÉ

avec de fort osier; on le laisse debout, on y passe un à un
les cercles dont la garniture doit descendre de chaque côté
jusqu'au tiers de la pièce, et comme celle-ci va en s'élargis-
sant vers la partie du milieu, il faut cogner dur pour les
rabattre sur le ventre. La main droite frappe avec un fort
marteau sur un autre plus petit qui a la forme d'un coin
et que l'on appelle *chasseur*, parce que, maintenu sur le
cercle par la main gauche, il le chasse plus bas. On retourne
ensuite la barrique pour en faire autant de l'autre côté. Il
ne reste plus qu'à la fermer en plaçant les deux fonds que
l'on maintient par une forte et large barre fixée en travers
avec des chevilles de bois. Sur le ventre on perce le trou
qui recevra la bonde et par lequel on entonnera le liquide,
et sur un des deux fonds, au bas, le trou pour placer la
canelle qui sert à le tirer. Tout ce travail paraît assez simple à première vue, mais il faut à l'ouvrier une grande habi-
leté pour s'en tirer à son honneur. Il y a tonnelier et tonnelier; l'ouvrage se réussit plus ou moins bien; le tour
de main, le coup d'œil, le goût, y jouent un grand rôle.
Mettez deux barriques à côté l'une de l'autre, le profane ne
les distinguera guère; un homme de la partie vous dira
au premier coup d'œil que l'une est élégante, svelte, co-
quette, et l'autre disgracieuse, gauche, lourde, mal tournée.

Le tonnelier ne doit pas seulement être habile dans son
art; comme il est en général préposé à l'entretien des chais
ou des caves, il faut qu'il sache traiter le vin, en prévenir
les maladies, procéder à propos aux soutirages, préparer
les expéditions, s'occuper de cent autres soins souvent
très délicats. Son palais devient, par suite de la longue pratique, une véritable éprouvette qui lui permet de reconnaître infailliblement les qualités et les défauts d'un vin,
de distinguer les années et les crus, d'en établir les mérites
relatifs. Afin de conserver cette finesse et cette sûreté de
goût, il doit surtout se garder de boire avec excès. D'ailleurs, pour qui a la lourde responsabilité d'une cave, la
première des vertus, peut-être la plus difficile en présence
de la tentation perpétuelle, est la tempérance; l'ivrogne est

un homme perdu pour cette place de confiance, et en dépit
de tous ses serments, doit être écarté sans pitié ; négligent,
désordonné, il risque par son incurie et ses bévues de com-
promettre toute une récolte.

Le vrai tonnelier, sans aimer le vin d'un amour tout à
fait platonique, trouve encore plus de plaisir à le célébrer
qu'à le boire ; qu'il ne s'enivre donc que de ses chants et du
bruit de son joyeux maillet. Le métier n'est pas de ceux
qui engendrent la mélancolie et, surtout à la veille des vendanges, quand les pampres fléchissent sous le poids des
grappes, pour lui c'est le moment ou jamais de tambou-
riner sans relâche sur ses futailles sonores, et d'épuiser
son répertoire de chansons. En voici une qui n'y figure peut-
être pas ; elle est d'un poète ouvrier du XVe siècle, le foulon
Olivier Basselin, et ne paraît pas indigne d'être remise à la
mode.

<table>
<tr><td>

O tintamare plaisant
Et doucement résonnant
Des tonneaux que l'on relie !
Signe qu'on boira d'autant,
Cela me fait réjouir,
    O belle harmonie !
Sans toi, je m'allais mourir
    De mélancolie.

</td><td>

Comme moi, tout bon buveur,
Au maillet et au chasseur
Met les deux mains sans vergogne,
Et s'emploie de bon cœur
A relier ses tonneaux.
    Et lui-même cogne !
Pour remplir tous ses tonneaux,
    Hâte sa besogne.

</td></tr>
</table>

IV

Le Rouet

———

Quand le chat du logis, frileusement pelotonné au coin
de la cheminée, l'œil à demi-clos, témoigne son bien-être
par un sourd ronflement de béatitude, on dit qu'il fait le
rouet et tout le monde sait ce que ce mot désigne. Tout
le monde sait-il aussi qu'en produisant ce bruit, le chat
imite le ron-ron d'un meuble de travail que toute femme la-
borieuse possédait autrefois, mais auquel on a tout à fait
renoncé dans les villes et qui est déjà délaissé dans la plu-
part des campagnes : le rouet de la fileuse? Pour trouver
un rouet à Paris, il faudrait fouiller plus d'un grenier, ou
aller directement au musée de Cluny qui en conserve plusieurs spécimens à titre de curiosité. C'est une machine
fort gracieuse que le rouet; il consiste en une roue légère
que l'on met en mouvement au moyen d'une pédale qui agit
comme celle de la machine à coudre. La roue à son tour
fait, à l'aide d'engrenages, tourner une bobine sur laquelle
s'enroule le fil, à mesure que l'ouvrière tire la filasse de
sa quenouille et la façonne en la tordant entre le pouce
et l'index. Un vieil adage disait d'une personne embar-
rassée: c'est un homme mis au rouet, c'est-à-dire condamné à un travail dont les femmes seules ont appris à
s'acquitter. Que de femmes à cette heure seraient tout aussi
en peine, si on leur mettait un rouet entre les mains!

C'est un apprentissage que plus d'une paysanne impose encore à ses filles. Lorsqu'elle les a groupées autour d'elle pendant les veillées d'hiver, à la lueur de la lampe suspendue à une solive du plafond, devant le feu où se consument les souches qui donneront la cendre de la lessive, chacune tient reposée sur son bras gauche la quenouille emmaillottée de blonde et soyeuse filasse ; c'est à qui, de la main droite, arrondira le mieux le fil et le fera le plus égal. Et les rouets de tourner sous le pied, et tous les ronflements de résonner à l'unisson et les bobines de se charger en pivotant sur leurs tiges d'acier ; car il faut que la provision de chanvre soit tout entière épuisée avant le printemps. Quand parfois les mains se ralentissent, quand un œil se ferme malgré lui, quelque joyeuse histoire, quelque légende attachante vient réveiller l'attention et ranimer l'ardeur. On redit par exemple ce conte de fées où figure une horrible sorcière, qui avait pendant tant d'années mouillé ses doigts avec sa salive pour rouler le fil, que sa lèvre inférieure était devenue pendante et son pouce large et aplati comme une cuiller de bois. Fables que tout cela, s'écrie la mère ! Voilà quelque quarante ans que je file : ai-je une lippe ? Mon pouce ne ressemble-t-il pas aux vôtres ?

Le rouet, cet instrument si ingénieux dans sa simplicité que l'inventeur inconnu en peut être regardé comme un mécanicien de génie, ne date que du XVIe siècle. Au temps où la reine Berthe, mère de Charlemagne, filait comme la première venue de ses vassales, le fil passait de la quenouille au fuseau, avec le seul secours de la main; c'est ainsi que filaient tout en marchant Geneviève, la bergère de Nanterre, et Jeanne d'Arc attentive à ses voix, quand elles s'en allaient aux champs garder leurs troupeaux.

Le fuseau ou le rouet ont été le gagne-pain de bien des pauvres femmes. Une fileuse est restée célèbre dans les légendes du Nord; c'était une pauvre veuve, nommée Olle. Un soir que la neige tombait, que le vent ébranlait sa porte et son volet, elle songeait, assise devant son rouet, à son

isolement et à sa misère, quand un coup timide fut frappé
à l'huis. Olle va ouvrir, et voit une vieille femme toute dé-
crépite, à demi-morte de froid, de faim, de fatigue, qui lui
demande la permission de se reposer un instant. La veuve
l'accueille affectueusement, jette un fagot dans l'âtre, la
sèche, la réconforte, partage avec elle son maigre souper,
insiste pour la garder pendant la nuit, mais il faut que l'é-
trangère continue son voyage. Avant de la laisser partir,
Olle voudrait lui faire une aumône, mais elle n'a pas une
obole ; alors elle prend une pelote du beau fil qu'elle vient
de faire et la glisse furtivement dans le panier de sa visi-
teuse. Mais voilà que l'inconnue se transforme en une fée
radieuse et dit avant de disparaître « Je suis venue éprouver
ton cœur ; pauvre toi-même, tu m'as vue plus pauvre que toi
et m'as prise en pitié. Pour te récompenser, ton rouet ne
cessera de tourner et te donnera le plus beau fil que l'on ait
jamais vu. » Et jour et nuit le rouet tourna et fila de lui-
même. Princesses et grandes dames s'en disputaient le fil,
tant il était fin. Olle, devenue riche, répandit ses aumônes
dans tout le pays et bâtit un grand hôpital, et depuis sa
mort les fileuses ne cessent de conter son histoire.

Ce qui était un miracle : un rouet tournant tout seul,
est devenu, grâce aux progrès de la mécanique, chose toute
naturelle ; nos machines, qui font marcher des centaines de
broches avec leur bobine à l'aide de la vapeur, ne sont pas
autre chose que le rouet perfectionné ! Mais ce qui a enri-
chi Olle a laissé sans ressources bien des fileuses, les machines produisant le fil à meilleur marché que la main.
Voilà pourquoi les grandes dames ont renoncé au rouet.
Sur leur tombe on ne pourrait graver la même inscription
que sur celle de quelques illustres romaines : elle a filé la
laine, elle a gardé la maison. Avouons qu'elles ont d'autres
mérites à acquérir, d'autres talents à cultiver, d'autres de-
voirs à remplir pour être des femmes accomplies.

V

Le Tisserand

———

Lorsqu'on aura porté en terre, enseveli dans un linceul tissé de sa main, le vieux tisserand du bourg, il est probable que son métier, désormais condamné au silence et à l'inaction, sera démonté par des mains dédaigneuses et ne pourra plus servir qu'à faire du feu. Déjà le fils du modeste artisan a dû déserter l'atelier où il y avait tout juste de l'ouvrage pour son père, et maintenant il gagne péniblement son pain comme ouvrier dans une fabrique. Le vieillard a pourtant connu une époque où pas une femme du pays n'aurait manqué de lui apporter les écheveaux filés par elle pendant les veillées d'hiver, pour qu'il les lui rendît sous forme de forte toile, un peu rousse, mais vrai linge de ménage, inusable. A peine, en ce temps-là, suffisait-il à la commande. Aujourd'hui, si, pour respirer un instant une atmosphère plus pure que celle de son humide ouvroir, il se met sur le pas de sa porte, il voit le porteballe ou le marchand ambulant, avec sa boutique roulante, s'arrêter de maison en maison, étaler son assortiment et placer ici ou là une pièce de vil calicot, de toile blanchie au chlore, qui séduit l'œil des paysannes par son lustre et son bon marché. Quant à la qualité et à l'usage, les colporteurs en répondent avec tant d'aplomb que toutes acceptent leur parole comme une garantie. Le moyen de soutenir la concurrence contre le linge de coton à bas prix, contre le tissage à la mécanique, contre le beau langage des marchands !

La profession de tisserand n'est déjà pas de celles qui égayent leur homme ! Toujours seul, toujours claquemuré dans un local obscur, humide, à moitié enterré dans le sol, car, pour faire de bonne toile, il faut la fraîcheur.

Le tonnelier d'en face rit et chante du matin au soir, se grise du bruit de sa tapageuse besogne, va soigner des celliers bien garnis. Le maréchal-ferrant, taillé en hercule, va et vient de son enclume à sa forge, de sa forge à sa porte. Il active son brasier en faisant jouer l'énorme soufflet, tire avec des pinces un fer rouge qu'il martelle et qu'il court ajuster au sabot fumant du cheval amené par quelque garçon de ferme ; après quoi la pratique le conduit au cabaret, lui et son aide, pour rafraîchir leur gosier toujours altéré. Le joyeux soleil, le plein air, la riante campagne ne sont pas faits pour le chétif et pâle tisserand, quoiqu'il vive au village, à quelques pas des champs et des bois. Heureux encore si les rhumatismes ne viennent point le paralyser !

Du moins, il a la vertu de son état, la touchante résignation ; quand il songe à son fils, triste ouvrier de manufacture, réduit en quelque sorte au rôle de machine, il se juge encore privilégié, malgré la décadence du métier ; il n'est pas perdu dans le noir faubourg d'une grande ville ; il ne mourra point dans un hôpital, il a un foyer, sa maison est à lui. On a peu de besoins à son âge ; quand on est sobre, économe, on joint toujours les deux bouts ; pour le peu de jours qui lui restent à vivre, il se trouvera bien jusqu'au dernier moment dans la commune quelque ménagère qui continuera à filer et à lui donner de l'ouvrage.

Entrons chez lui. L'intérieur d'un de ces ateliers de campagne, destinés à disparaître l'un après l'autre, mérite d'être étudié, ne serait-ce que pour prendre idée d'une in-

dustrie jadis prospère. C'est jeter un coup d'œil sur l'histoire d'autrefois que d'aller rechercher dans les bourgs lointains les dernières traces des anciennes coutumes.

Quand le pauvre vieillard a reçu une commande, il se met d'abord au *bobinage*, dévidant les écheveaux pour garnir ses bobines de leur fil. Vient ensuite l'*ourdissage*. Ourdir, c'est tendre sur les rouleaux du métier les fils destinés à la *chaîne* du tissu qui seront alignés dans le sens de la longueur de la pièce. Les fils de la *trame* sont ceux qui viendront entrecroiser la chaîne en s'y engageant dans le sens de la largeur. La colle spéciale dont on les enduit et qu'on appelle le *parage* a pour effet de les rendre plus résistants et de faciliter le glissage. Le *tissage* proprement dit commence avec le jeu de la navette dont l'office est d'introduire les fils de la trame à travers ceux de la chaîne. Seule pièce du métier qui ait quelque grâce et quelque légèreté, elle a reçu son nom parce qu'elle ressemble à un petit navire ; le buis dont elle est faite est creux pour que dans la cavité puisse être placée une bobine tournant sur des tourillons, de manière à dérouler son fil au mouvement de la navette. A l'aide de cordes passant par des poulies, le tisserand fait entrebâiller la chaîne pour que la navette glisse entre les fils et tisse l'étoffe. Que de minutie dans ce métier monotone et lent! Quelle attention de tous les instants pour que l'interminable pièce de toile soit tissée avec régularité et ne présente aucun défaut! Les pieds, les mains, les yeux sont occupés à la fois.

Et quel est, en fin de compte, le résultat de ce travail dans lequel un homme assombrit et use son existence? A peine le tissage de quelques mètres par jour. Comment s'étonner que l'ingéniosité humaine ait fini par substituer à cet instrument archiséculaire des machines capables de produire en un jour plus que le vieux métier en dix ans?

VI

Le Paysan chez lui

Un moment délicieux à la campagne, en été, c'est l'heure qui précède la nuit. Dans les villes, l'atmosphère est devenue plus étouffante ; la poussière, la fumée en suspens rendent l'air à peine respirable ; le granit du pavé, la pierre des hautes façades, lents à se rafraîchir, renvoient par bouffées cette lourde et écœurante chaleur qui semble l'haleine d'un four. Dans les champs, au contraire, les frissons de la brise parfumée courent déjà à travers le feuillage ; de légers flocons de blanche vapeur s'élèvent du fond des vallées ; sur le point de descendre derrière l'horizon, le soleil, noyé dans une poussière d'or, allonge sur les prés l'ombre des peupliers et des aulnes ; à cette heure où, sous la magie de ses derniers feux, tout se transforme, il n'est pas de bourgade si pauvre, si banalement construite, qui ne prenne une physionomie imprévue ; la tuile, l'ardoise, le chaume des plus humbles toits se colorent de tons variés ; la vigne, le lierre qui couvrent la nudité des murs s'y détachent en festons harmonieux ; ici une vitre miroite étincelante, là un abreuvoir rustique reflète les nuages rosés qui traversent le ciel.

Au dessus de chaque demeure évolue capricieusement la spirale de fumée qui rappelle au travailleur que la maison

vers laquelle il se dirige après son dur labeur n'est pas vide,
qu'il a un foyer, une table où il est attendu, une famille im-
patiente de le voir rentrer. A cette pensée plus d'un hâte le
pas ; un rayon de joie traverse son cœur, un sourire éclaire
son visage, il ne songe plus à sa fatigue. Qui peut affirmer
que les natures les plus indifférentes, les plus rebelles aux
douces émotions, ne se laissent pas aller à une sorte de dé-
tente, n'éprouvent pas, sans peut-être se donner la peine
de bien le démêler, un vague sentiment d'intime satisfaction?

Ce serait sortir des réalités champêtres, rêver des
Arcadies de convention que de doter le villageois de cette
sensiblerie dont on fait parade dans les intérieurs de la ville,
de le représenter comme un modèle de douceur, de délica-
tesse, de prévenance conjugale et paternelle, d'ériger sa
femme en un type accompli, de s'attendrir sur le bonheur
sans mélange de leurs enfants. Il est du moins permis d'affirmer qu'à la campagne la famille se développe dans son
milieu le plus naturel ; que si les mariages n'ont habituel-
lement rien de romanesque, ils n'amènent pas de trop
cruelles désillusions ; on se connaît d'enfance, on n'attend
de la vie que ce qu'elle peut à peu près donner, on met en
commun joies et peines, on est fier de voir les enfants
croître, embellir, faire honneur à leur père et à leur mère.

Sans doute, la maison n'est pas exempte de tout orage ;
la femme ne reconnaît pas toujours que du côté de la barbe
est la toute puissance ; le mari a parfois la main plus
prompte qu'il ne le faudrait, histoire de passer sa mauvaise
humeur, dont sa moitié du reste ne lui garde guère rancune.
Quant aux enfants, les brusqueries de leurs parents leur
apprennent qu'en ce monde on aurait tort de compter sur
des caresses perpétuelles. Et puis, chaque jour, les ca-
ractères s'adoucissent, les formes s'améliorent, l'exemple
des villes où l'éducation devient de moins en moins dure,
a fini par agir sur les campagnes, et là où le nom de
J.-J. Rousseau n'a jamais été prononcé, son influence se
fait sentir indirectement au profit du jeune âge. Ici, le pro-

grès est rapide, là il est plus lent, l'esprit moderne y devant entrer en lutte avec les idées de jadis, avec un ensemble d'habitudes fortement enracinées.

Combien l'habitation elle-même a d'importance pour juger ceux qui l'occupent, c'est ce que, dès le dernier siècle, constatait maint voyageur français ou étranger, et sur ce point, nous ne donnons encore que trop de prise aux mêmes critiques. Dans les parties pauvres de notre territoire, que de gens misérablement installés ! que de chaumières délabrées, basses, obscures, insalubres, d'une hideuse malpropreté, les hommes parqués à côté des bêtes ! Et là même où l'argent ne manque pas, quelle faible part est accordée au bien-être.

Le plus inconnu de tous les luxes est la formation d'une petite bibliothèque. Les almanachs populaires, les cahiers gothiques de la bibliothèque bleue, voilà toute la satisfaction accordée aux besoins de l'esprit. L'histoire de Geneviève de Brabant, celle du Juif-Errant, les quatre fils Aymon n'ont déjà défrayé que trop de générations. Jadis la balle des colporteurs contenait en outre un mince volume qui, du moins, n'aurait pas dû diparaître de la circulation : la légende du bonhomme Misère, en qui les populations rurales purent reconnaître le symbole de leurs souffrances et de leur résignation, aussi longtemps que s'appesantirent sur elles tous les fléaux imaginables : invasion, guerre civile, pillage, massacre, incendie, famine, peste. Le pauvre homme possédait pour tout bien un poirier dont il tirait la meilleure partie de sa subsistance ; il est vrai que c'était un poirier enchanté ; le maraudeur qui serait monté sur cet arbre, tenté par la beauté de ses fruits, eût été condamné à y rester aussi longtemps que la volonté du propriétaire l'y aurait retenu.

Parvenu au dernier terme de la vieillesse, chargé d'ans et de maux, le bonhomme vit un soir pénétrer dans son enclos la Mort qui venait lui intimer l'ordre de se mettre en route avec elle ; comme, malgré tout, il tenait à la vie, il fit semblant de se résigner, et, pour prix de sa soumission, demanda une grâce : trop vieux pour monter sur l'arbre, il suppliait la Mort d'y aller cueillir une poire, qu'il mangerait avant de la suivre ; elle se prêta à son désir et, prise au traquenard, n'obtint sa délivrance que contre la promesse de venir le chercher seulement la veille du jugement dernier. C'est pourquoi, conclut la légende, Misère restera sur terre tant que le monde sera monde.

Voilà le livre de jadis, qu'il serait bon de conserver, comme monument d'un temps disparu, mais à côté duquel il faudrait placer sur les rayons de l'armoire rustique quelques livres permettant au paysan de comparer le présent au passé, de refaire en esprit, étape par étape, le chemin parcouru, et de conclure qu'il a, pour tenir à la vie, de plus solides raisons que son ancêtre du vieux temps.

Paris. — E. KAPP, imprimeur, 83, rue du Bac